학부모 경계하는 교사 \ 교사 의심하는 학부모

학부모 경계하는 교사
교사 의심하는 학부모

초판 1쇄 인쇄 2024년 4월 5일
초판 1쇄 발행 2024년 4월 15일

지은이 방정희

펴낸이 우세웅
책임편집 정아영
기획편집 김휘연
콘텐츠기획·홍보 김세경
북디자인 이유진

종이 페이퍼프라이스㈜
인쇄 유성드림

펴낸곳 슬로디미디어
신고번호 제25100-2017-000035호
신고연월일 2017년 6월 13일
주소 경기도 고양시 덕양구 청초로66, 덕은리버워크 지식산업센터 A동 15층 18호

전화 02)493-7780 | **팩스** 0303)3442-7780
전자우편 slody925@gmail.com(원고투고·사업제휴)
홈페이지 slodymedia.modoo.at | **블로그** slodymedia.xyz
페이스북·인스타그램 slodymedia

ISBN 979-11-6785-189-5 (03590)

학부모 경계하는 교사 / 교사 의심하는 학부모

방정희 지음

SEOLREM
설렘

발달 심리학자 브론펜브레너는 '생태학적 발달이론'을 통해 아동의 발달은 다양한 환경 간의 상호작용에 의해 이루어진다고 하였다. 이 이론에 따르면 교사와 학부모의 관계는 여러 환경을 이어주는 중간체계로서 아동 발달에 많은 영향을 미친다. 저자인 방정희 원장님 역시 이러한 이념으로 교사와 학부모, 아동의 올바른 관계는 지극히 당연하고도 우리가 반드시 만들어가야 할 영유아 교육 세상의 기본이라고 보았다.

우리나라는 예로부터 유교사상에 의해 교사와 부모의 관계가 일방적인 교사의 우위로 불평등한 위치를 유지해왔다. 하지만 시대적 변화에 따라 이제는 오히려 역전의 관계성을 보이기도 한다. 이러한 관계적 변화에 따라 교사와 부모, 아동과의 상호작용도 달라졌으며, 교사나 부모 입장에서도 서로 용납하기 어려운 일들로 인해 안타까운 희생마저도 일어나는 현실이 되어버렸다. 이러한 사례들은 영유아 교육 현장뿐만 아니라 전반적인 교육 현장에서 빈번하게 일어나고 있음을 미디어를 통해 알 수 있다.
이 책은 실생활에서는 학부모를, 영유아 교육 현장에서는 교사와 원장을 모두 경험한 방정희 원장님이 부모와 교육자의 시선과 마음으로 살펴본 안타깝고도 가슴 아린 아픔을 세상에 드러내고, 한 땀 한 땀 메꾸어 가려는 노력의 결실이라 할 수 있겠다.

책을 읽다 문득, 제자들을 교육기관에 취업시키며 '잘 보살필 수 있을까? 잘 가르칠 수 있을까?' 조마조마 해하며 면접을 동행했던 일들이 떠올랐다. 물론 기초적인 이론을 가르치고 실습도 시켰지만, 겨우 교사자격증 하나만 손에 쥔 채 졸업과 동시에 씩씩하게, 불안하게, 혹은 부딪혀 보자는 마음으로 첫발을 내디디는 초보 교사들이 겪어야 할 고충에 대해서는 '자네가 져야 할 십자가

이고, 헤쳐나가야 할 세상'이라며 애써 자위했던 부끄러운 과거가 떠오른다.
이 책이 지금도 학부모와의 올바른 관계에 어려움을 겪고 있는 현직교사들이나, 교사의 꿈을 키우는 예비교사들에게 현장을 이해할 수 있는 지침이 되길 바란다. 그리고 학부모들도 이 책을 통해 교사를 자신의 귀한 자녀 성장에 소중한 협력자로 생각하고 존중하는 계기가 되면 좋겠다.
귀중한 사례들을 정갈하게 정리하고, 용기 있게 세상에 내놓은 방정희 원장님께 응원을 한 아름 드리며….

전 영진전문대학 교수 유종국

"심연을 들여다보면 심연도 당신을 들여다본다." 니체의 말입니다.
나의 심연은 그의 심연 속에 있습니다. 들여다보려는 의지 없이 실체는 보이지 않습니다.
담장 하나로 양분된 세계가 있습니다. 교사와 학부모의 세계입니다. 미숙한 존재를 키워낸다는 본질적 공통점을 갖고 있으나 현실은 첨예하게 갈등하는 모순된 관계입니다. 서로의 심연을 보지 못해서 일어나는 오해와 분노가 끊이지 않습니다. 저자는 경계선 위에 선 인물입니다. 그곳에 서 보면 양쪽이 이해가 됩니다. 옳고 그름은 주장하는 쪽에서나 명백한 것일 뿐, 실은 서로가 피해자인 동시에 가해자가 되기도 합니다.
저자는 아이를 사랑하는 애정만큼 서로를 조금 더 깊은 시선으로 들여다보자고 합니다. 이해가 깊어지면 아이는 그만큼 더 행복해지니까요.

〈책과강연〉 대표기획자 이정훈

교사와 학부모 간 분쟁이 끊이지 않는 시대에 꼭 필요한 책의 출간 소식을 들으니 기쁩니다. 저자는 수십 년을 유아교육 현장에서 학부모와 교사, 그리고 아이들을 만나며 안타까운 마음으로 행복한 길을 찾고 있었습니다. 이 책에는 교사와 부모, 그리고 아이들이 어떻게 하면 서로 상처를 주지 않고 아름다운 관계를 만들 수 있는지에 대한 깊은 성찰이 담겨 있습니다. 교육 현장에서 수많은 아픔을 겪으며 얻었던 지식과 경험이 행간마다 녹아 있습니다. 한 줄 한 줄 진심을 담아 '아이들과 교사와 부모가 모두 행복하고 건강한 교육은 무엇인가'에 대하여 말하고 있습니다. 아이들이 행복하기를 원하는 분이라면 누구든지 함께 하셔서 푸르고 푸른 아이들의 미래를 응원해 주시리라 믿으며 이 책을 추천하고자 합니다.

〈행복한가족상담센터〉 대표, 『보통의 가족이 가장 무섭다』
『인사이트 리스닝』 저자 **김미혜 박사**(Ph.D)

푸른 미래를 꿈꾸며 어린이집 교사가 되었지만, 현장은 아이들을 좋아하는 마음만으로 되는 것이 아니었습니다. 수많은 일들이 생기고 사라지는 현장에서 가장 경계해야 할 것은 '감정개입'이었습니다. 아이들의 작은 말 한마디, 행동 하나에 교사의 감정이 개입되는 순간, 교사의 진심이 흐려진다는 것을 직·간접적으로 경험했습니다. 엄마가 되어보니 아이가 전하는 말 한마디, 같은 반 부모들이 전하는 말 한마디에 부모가 덧칠을 하면 결국은 내 아이가 가장 많이 다친다는 것을 알게 되었습니다. 글 속에 등장한 많은 사례는 지금도 현장에서 매일 일어납니다. 글을 읽는 내내 교육 현장에서 부모와 교사로 만나게 되는 우리가 가장 중요하게 생각해야 될 것이 무엇인지 다시 한번 깨닫게 되었습니다.
아이를 사랑하는 것이 무엇인지, 아이를 위하는 것이 무엇인지 고민하는 부모와 선생님들에게 이 책을 추천합니다.

어린이집 교사이자 두 아이의 엄마 **방혜란**

교사일 때는 늘 죄송하단 말을 입에 달고 살았습니다. 뭐 그리 죄송한 일이 많은지…. 늘 죄인이었던 것 같습니다. 그래서 내 아이를 기관에 보낼 때는 미안한 만큼 감사한 마음을 표현하며 보내려고 했습니다.

그런데 나 또한 엄마라는 입장에서 아이를 바라보니, 아이가 "엄마, 유치원 가기 싫어!", "선생님이 이렇게 아프게 했어!"라고 하면 '설마…'라는 불신의 마음이 싹트면서 선생님을 의심하곤 했습니다. 한번 의심을 하게 되면 의심은 더 큰 의심을 낳고, 선생님과의 관계도 껄끄러워졌습니다. 그때 알았습니다. 교사와의 믿음이 생기지 않으면 가장 피해를 보는 건 아이라는 것을요.

학부모와 교사만큼 어려운 사이는 없는 것 같습니다. 둘 다 아이의 성장과 행복을 바라는 사람들인데 어떤 부분에서 접점을 찾아야 할지 고민스러울 때가 많습니다.

아이들을 가장 잘 알고 있는 교사와 부모가 적대감을 버리고 서로 믿고 도움을 주고받는 관계가 된다면, 아이들은 따뜻한 보살핌 아래 건강한 유아기를 보낼 것입니다. 튼튼한 유아기가 뒷받침이 된 아이는 건강한 성인으로 자랄 수 있을 것이라 믿습니다.

이 책에는 교사, 원장, 초·중·고 아이의 육아를 모두 경험한 작가의 따뜻한 마음이 고스란히 담겨져 있습니다. 아이의 건강한 미래를 원하는 부모와 교사들에게 이 책을 추천합니다.

민서·민솔 엄마 정혜경

프롤로그

어제보다 오늘 '더 좋은 선생님'이 되고 싶은 멋진 꿈을 꿉니다

대학 때 실습을 나갔던 성당 부설 유치원에서 아이들을 처음 만났습니다. 그때는 몰랐습니다. 졸업 후 1년간 인턴을 하면서 그제야 유치원 교사의 고충을 온몸으로 체감했습니다. 맘 편히 화장실도 갈 수 없고, 점심을 먹을 때도 밥이 입으로 들어가는지, 코로 들어가는지 모를 정도로 도통 정신을 차릴 수가 없었습니다. 말 그대로 속도전이 펼쳐졌습니다. 그래도 밤톨만 한 아이들이 "선생님~~! 선생님~~!" 하고 부르는 소리에 없던 힘이 불끈 솟았습니다.

1년간의 인턴을 마친 날, 담임 선생님은 예쁜 커피잔에 따뜻한 커피믹스를 준비해 놓고 나를 부릅니다. 작은 책상을 가운데 두고 마주 앉은 모습이 어색해 뜨거운 커피잔만 이리저리 만져

봅니다. 갑자기 담임 선생님이 담담한 어조로 이렇게 묻습니다.

> "유치원 선생님으로서 선생님의 가장 큰 장점이 무엇이라고 생각하세요?"

장점이라… 딱히 떠오르지 않았습니다. 유아교육과에 지원한 것은 목사님의 권유였습니다. 제가 교회에서 아이들을 가르치는 모습을 보시곤 유치원 선생님이 어울리겠다고 말씀하셨습니다. 대학에서 배운 내용도 재미있었습니다. 실습 때 하루하루 조금씩 자라는 아이들의 모습을 보면서 신기했고, 나를 쳐다보는 눈빛들이 참 좋았습니다.

그래서 '아이들과의 생활은 지루하지 않고 흥미롭네'라는 생각만 했지, 유치원 선생님으로서 나의 장점에 대해서는 생각해 본 적이 없습니다.

"이런 고민해 본 적 없죠? 대부분 그래요. 저도 그랬으니까. 지금부터 제가 하는 말 오해 없이 잘 들어요. 선생님은 아이들을 잘 관찰하고, 그 내용을 아이들 입장에서 잘 전달해 줬어요. 아이들하고 호흡도 참 좋고요. 선생님은 질문도 참 많이 하셨어요. 1년 동안 저한테 얼마나 많은 질문을 했는지 기억도 안 나죠?"

담임 선생님은 장난스레 아주 귀찮았다는 의미로 눈을 찡긋합니다. 무슨 뜻인지 제대로 이해하지는 못했지만, 적극적으로 업무에 임한다는 뜻으로 받아들여 기분 좋게 들었습니다. 하지만 선생님은 이내 단호한 표정으로 자세를 고쳐 앉으며 진지하게 말씀하셨습니다.

"그런데 선생님, 이제 담임 선생님이 되면 상황은 달라져요. 담임을 맡는다는 것은 학부모와 정면으로 마주친다는 뜻이고, 그건 아이들과의 호흡으로 끝나는 간단한 문제가 아니에요. 훨씬 복잡해요. 선생님은 1년 동안 학부모한테서 듣기 싫은 소리를 들어본 적도 없고, 실수한 일에 대해 직접적인 책임을 져본 적도 없죠?"

생각해 보니 교실에서, 또는 차량을 지도하면서 크고 작은 문제가 있었지만, 담임 선생님과 원장 선생님께 주의를 듣는 일 외에는 학부모를 직접 상대하거나 책임질 일은 없었습니다.

"선생님, 담임은 '나의 반에서 일어나는 모든 일에 대해서 내가 책임을 진다'는 자세가 필요해요. 지금까지는 배우는 입장에서 아이들을 관찰하고 질문을 했다면, 담임은 이를 토대로 이후에 발생할 경우의 수를 다양하게 생각해야 해요. 한마디로 질문도, 그에 대한 답도 선생님이 모두 가지고 있어야 하죠. 아이들은 환경에 따라 순식간에 바뀌기 때문에 경우의 수를 많이 생각할수록 아이들과 선생님 모두 충격도, 상처도 덜 받을 수 있어요. 모든 일이 그렇듯이 내 일을 진심으로 즐기기 위해서는 상처가 최소한이 되어야 오래오래 신나게 집중할 수 있어요."

어리둥절한 제 표정에는 아랑곳 없이 선생님은 계속 말씀을 하십니다.

"선생님은 밖에서 아이들을 만나면 엄청나게 반갑고 좋죠? 아이들이 선생님을 대하는 걸 보면 선생님이 아이들을 얼마나 좋아하는지 알 수 있어요. 그런데 저는 교실에서만 아이들을 반길 뿐 사실 유치원을 벗어나면 되도록 아이들을 멀리하려 해요. 그만큼 진심으로 대하기가 어렵거든요. 그저 직업 정신이 투철할 뿐이에요. 매몰차 보이지만 바로 이것이 내가 상처를 덜 받는 방법이에요."

유치원 선생님으로서 현실과 상상의 경계에 서 있던 제게 선생님의 충고는 상상을 옆으로 밀어내고 현실을 직시하게 했습니다. 이는 담임으로 첫발을 내딛는 시기에 매우 중요한 생각의 전환점이 되었습니다.

결혼과 함께 건너간 중국 칭다오, 8월의 뜨거운 햇살과 습한 바닷바람, 그리고 칭다오 한글유치원 아이들의 순진하고 다정한 눈빛이 저를 기다리고 있습니다.

그곳에서 지낸 3년 반이라는 시간 동안 아이들과 부모님들은 한국에서 온 삐쩍 마른 선생님을 "예쁜 선생님"이라고 부르며 몽글몽글한 사랑을 아낌없이 나누어주었습니다. 은빈 어머니의 따뜻한 말이 떠오릅니다.

"선생님! 집에서 애 하나 보기도 힘든데 여러 명을 한꺼번에 보는 것이 얼마나 힘들겠어요. 우리도 다 그 과정을 지나고 있어요. 아이들을 알아간다고 생각하세요."

이 말은 힘들고 한계에 부딪힐 때마다 받은 사랑을 떠올리게 해, 몸과 마음을 일으켜 세워주었습니다.

아이들의 사랑과 부모님의 너그러움 덕분에 '먼 훗날 아이들의 기억 속에 좋은 선생님으로 기억되고 싶다'라는 작은 꿈이 생겼습니다.

이렇게 옹달샘처럼 퐁퐁퐁 정이 샘 솟았던 교사와 아이, 그리고 부모의 관계는 인터넷의 발달로 삭막하게 변해버렸습니다. 인터넷은 우리의 삶뿐 아니라 교육의 지형 또한 바꿔놓았습니다. 쏟아져 나오는 교육정보는 엄마들의 불안 심리를 자극해 조기 교육 열풍과 경쟁심리를 유도했습니다. 그 영향으로 엄마들은 검증되지 않은 정보와 육아 카페에 무작위로 난립하는 군중심리를 등에 업고, 입으로는 "선생님"이라 불렀지만 말투와 태도는 '선생'이라는 존재 자체를 압박하고 무시하기 시작했습니다.

부모님들은 더 이상 선생님들에게 아이들을 알아갈 시간도, 현장에 적응할 시간도 주지 않습니다. 또, 사제 간이나 친구 관계에 대한 공감과 이해는 사라진 채, '내 아이 중심'이라는 부모의 이기심이 굳건하게 자리 잡기 시작했습니다. 시간이 지날수록 교육 현장 곳곳에는 이론서 어디에도 볼 수 없는 상황들이 비일비재하게 발생했습니다. 이로 인해 선생님들은 하루에도 수십 번씩 자신의 생각이 미치지 못하는 지점과 맞닥뜨리며 좌절하게 됩니다. 아름답고 존중받는 모습을 꿈꾸며 현장에 발을 내디딘 선생님들의 사명감과 자존감은 학부모들의 크고도 매몰찬 권력에 짓밟혔습니다.

교육 현장에서 교사는 아이들을 가르치는 것보다 학부모와의 관계 속에서 크고 작은 상처를 많이 받습니다. 꽁꽁 감춰뒀던 선생님들의 감정을 증폭시킨 '서이초 선생님의 사건'은 균형이 깨어진 교육 현장의 민낯을 하나하나 들춰냈습니다. 드러나는 현장의 모습과 울분에서 선생님과 부모 모두의 상처가 보이고, 슬픔이 읽혔습니다. 선생님이고 엄마이기에 그 상처가 내 것인 양 선명하게 다가왔고, 그 고통에 눈물이 났습니다.

그리고 지나온 경험을 떠올리며 생각했습니다. 한 번쯤 상대의 입장에서 생각해 무엇이 균형을 무너뜨렸는지, 균형을 무너뜨린 지점은 어디인지, 주어진 현실을 직시하고 조금만 다른 관점으로 바라본다면 선생님도, 부모님도, 그리고 아이들도 조금은 상처를 덜 받지 않았을까 깊은 고민을 하게 되었습니다.

유치원에서는 해마다 부모님과 함께 '시장 놀이'를 합니다. 아이들에게 행사에 관해 설명하고 규칙을 인지시켜도 부모님이 등장하는 순간, 잘 잡혀있던 질서는 산산조각이 나고 아이들은 엔트로피의 세계로 진입합니다.

아이와 함께 시장을 둘러보지 않고 엄마들끼리 삼삼오오 모여서 이야기하는 엄마.

다른 친구가 산 물건을 가지고 싶다고 떼쓰는 아이.

아이는 돌보지 않고 핸드폰에만 빠져 있는 엄마.

엄마의 등장에 흥분해 교사의 말을 전혀 듣지 않는 아이 등등

예기치 못한 일들이 일어납니다.

전쟁 같던 행사가 끝이 난 후, 선생님들의 평가를 들어보면 행사를 대하는 태도에 따라 일에 대한 대응 방식이 다릅니다. 행사 전, 엄마와 아이들의 특성을 미리 파악하고 경우의 수를 생각한 선생님은 만반의 준비를 합니다. 물론 그 질서가 오래 지속되지 않는다는 것 또한 잘 알고 있지만, 그래도 어떤 무질서가 엄습해도 지혜롭게 대처할 임기응변 하나씩은 가지고 있습니다. 반면, 준비가 되어 있지 못한 선생님은 아이들의 행동이 흐트러지면 정신력이 흔들리고 상황을 정확하게 분별하지 못합니다.

기어 다니던 아기는 걷기 위해 안간힘을 씁니다. 일어섰다가 넘어지고 다시 일어섰다 뒤뚱거리다 엉덩방아를 찧습니다. 이 과정을 수없이 반복한 아이는 결국 걷기에 성공합니다. 엄마는 아이가 넘어지더라도 덜 다치게 하려고 머리에 헬멧을 씌우고 팔과 다리에 보호대를 끼웁니다. '현실을 안다'라는 것은 헬멧과 보호대를 착용하는 것입니다. 안다고 현실이 달라지는 것은 아닙니다. 하지만, 글을 쓰면서 하나의 바람은, 불편한 현실을 정

면으로 마주하는 이들에게 헬멧이 되고 보호대가 되어 교육 현장에서 우리 모두가 조금은 덜 다치고, 덜 아파하는 것입니다.

저자 방정희

차례

1

낙서 같은 그림에 담긴 아이의 진짜 마음 읽기

동그라미인지 찌그러진 풍선인지 형태가 불분명한 여러 가지 도형으로 그려진 아이의 그림을 자세히 본 적이 있나요? 아이는 설명이 없으면 해석하기 힘든 자신의 그림을 통해 엄마·아빠에게 무얼 말하고 싶은 걸까요?

매달 마지막 주 금요일, 교실 뒤편에는 한 달에 한 번 얼굴을 쏙 내미는 노란 가방들이 주인을 기다리며 줄을 서 있습니다. 이 날은 한 달 동안 아이들이 열심히 활동한 결과물을 모아서 집으로 보내는 날입니다. 저는 반듯하게 줄을 세워놓은 노란 가방 중 하나에서 묵직한 파일을 꺼내 우리가 어떤 활동들을 했는지 보여 준 뒤, 한 명 한 명 이름을 불러 아이들에게 가방을 나눠줬습니다. 아이들은 가방 속에서 파일을 꺼내 한 장 한 장 넘기며 마치 보물을 발견한 후크선장처럼 반짝이는 눈으로 활동지를 관찰합니다.

귀가 시간, 엄마를 발견한 채린이는 뭐가 그렇게 급한지 신발을 구겨 신고 뛰어가 보물 가방을 엄마에게 보여줍니다. 노란 가방 속에서 스케치북을 꺼내 보던 채린이 어머니는 동생과 함께 먼저 걸어가고 있는 채린이를 보면서 뚱한 표정으로 말합니다.

"선생님, 채린이는 언제쯤 제대로 된 그림을 그릴 수 있을까요? 아무리 개인차가 있다지만 매번 동그라미만 잔뜩 그려져 있잖아요. 솔직히 선생님 설명이 없는 그림은 무슨 내용인지도 모르겠어요. 이런 파일들이 매번 쌓이면 짐만 되더라고요. 이런 건 사실 안 보내줘도 괜찮거든요."

채린이 어머니 말씀에 다소 기운이 빠졌지만 그림을 그리며 신나하던 채린이가 생각나 이렇게 말씀드렸습니다.

"채린이가 아빠한테 보여 줄 그림이 있다고 하던데요. 집에 가서 그림 이야기를 한번 들어보세요. 채린이가 그린 그림은 아직 형태가 제대로 갖춰지지는 않았지만, 워낙 덧붙이는 이야기들이 재미있어서 앞으로의 그림도 기대가 됩니다."

채린이 어머니는 못마땅한 표정으로 스케치북을 뒤적이며 걸어갑니다. 그리고 유치원 골목 모서리에 멈춰 서더니 두리번거리며 주위를 한번 살펴봅니다. 제가 유치원으로 들어갔다고 생각했는지 쓰레기통에 스케치북을 휙 던져버립니다. 깜짝 놀란 저는 채린이 어머니가 안 보일 때까지 기다렸다 얼른 뛰어가서 스케치북을 꺼냈습니다. 표지에 잔뜩 묻은 이물질을 보니 채린이 어머니가 너무너무 얄밉습니다.

유치원에서는 월요일 아침마다 '주말 지낸 일 그리기' 활동을 합니다. 아이들은 저마다 도화지 가득 어제의 일을 그려 옵니다. 그림만으로 무슨 일이 있었는지 한눈에 알아볼 만큼 표현을 잘하는 친구도 있지만, 낙서처럼 보이는 그림들도 많습니다. 그래서 선생님은 아이들의 그림에 빨간색 펜으로 말풍선을 붙입니다.

말풍선을 붙이기 전에 그림에 대한 아이의 설명을 듣고, 전체 줄거리를 바탕으로 그림 하나하나에 붙여진 의미가 맞는지 물어봅니다. 아이들은 선생님의 말씀과 가리키는 그림이 일치하는지 확인하기 위해 귀를 쫑긋 세우고 눈은 선생님의 손가락을 따라 움직입니다. 정확한 표현이 아니면 "아니요. 그거 아니고요." 하며 미간을 찡그리며 손사래를 칩니다. 아이의 확인이 끝나 이야기가 완성되면 종이 위에는 또박또박 예쁜 글씨로 적힌 빨간색 말풍선들이 조잘조잘 대화합니다.

채린이는 매번 크고 작은 동그라미만 잔뜩 그려놓습니다. 동그라미에 선을 하나 더 그려보라고 해도 싫다고 합니다. 바탕색은 칠하지 않고 빨간색 동그라미 안에 알록달록 여러 가지 색깔을 가득 채워 옵니다. 그런데 그날은 색칠을 안 한 동그라미만 잔뜩 그려져 있습니다. 그림을 자세히 보던 저는 큰 동그라미 속에 작은 동그라미가 그려진 그림 하나를 발견합니다.

"채린아, 반지처럼 생긴 이 동그라미는 처음 보는데? 이건 뭘까?"

"반지 아니에요. 아빠예요."

"다른 동그라미는 다 하나씩 있는데, 아빠 동그라미는 두 개네. 왜 두 갤까?"

"아빠하고 내가 같이 자는 거예요."

"채린이가 아빠랑 같이 자는 거예요? 주말에 아빠랑 같이 잤어요?"

"아니요, 아빠랑 같이 자고 싶은데 엄마가 안 된대요. 아빠 힘들다고."

"채린이는 아빠랑 같이 자는 게 좋은가보다. 근데 그림이 나란히 있지 않네?"

"내가 아빠 배 위에 누워서 자는 거예요. 우리 아빠 배는 침대처럼 폭신폭신해서 누우면 잠이 와요. 선생님, 이건 아빠가 사 온 과자, 이건 책이에요."

아빠 이야기를 하면서 동그라미 하나하나에 이름을 붙여주자, 네모난 스케치북은 순식간에 아빠 방으로 변합니다.

채린이 아버지는 2주간 출장을 다녀왔습니다. 밤마다 아빠가 들려주는 동화를 들으며 잠을 잤던 채린이는 아빠가 돌아오자 동화책을 들고 아빠 방으로 갑니다. 그런데 장기간 출장에 지친 아빠는 벌써 잠들어 있고, 엄마는 채린이가 아빠를 깨운다며 아이 손을 잡아당깁니다. 자기를 기다리지 않고 자는 아빠와 마음을 알아주지 않는 엄마에게 서운했던 채린이는 아빠랑 같이 자고 싶은 마음을 그림에 담았습니다.

쓰레기통에서 주워온 채린이의 스케치북을 넘기며 채린이가 했던 이야기를 곱씹고 있는데 채린이 어머니에게서 전화가 옵니다.

"선생님! 죄송한데 유치원 앞에 채린이 스케치북이 떨어져 있는지 확인 한번 해 주실 수 있으세요?"

"스케치북이요? 아까 어머니께서 유치원 앞에서 보시고 가방에 넣었잖아요."

"들고 오다가 흘렀는지 없네요. 분명히 가방에 들어있는 것을 다 확인했는데 보물 가방에도 유치원 가방에도 없어요. 지금 채린이가 대성통곡하고 있어요. 한번 확인해 주세요."

스케치북은 책상 위에 있었지만, 어머니의 행동이 괘씸하기도 하고 민망할 것도 같아서 잠시 전화를 끊었습니다.

"어머니, 찾았어요. 지나가시던 분이 버린 건 줄 알고 쓰레기통 안에 던져놨네요."

"네? 아~ 감사합니다. 선생님."

쓰레기통이라는 말은 하지 말아야 했는데, 수화기 너머로 들리는 채린이의 울음소리가 꼭 스케치북이 쓰레기통 안에서 울고 있는 것처럼 느껴져, 저는 '쓰레기통'이라는 단어를 강조해서 말해버렸습니다.

생각 노트

아이들의 자기표현 방법은 나이에 따라 다릅니다. 여러 표현 방법 중 그림은 언어로 자신의 마음을 표현하지 못하는 아이들에게 중요한 자기표현 수단으로 활용됩니다.

어린아이의 마음을 우리는 '동심'이라고 합니다. 동심을 밖으로 끌어내는 방법 중 하나가 '물어보기'입니다. 아이는 자기가 상상하며 생각한 모든 것을 하얀 도화지 위에 그려낼 수 있습니다. 어른이 그림에 관해 물어보는 순간, 아이들은 베레모를 쓴 꼬마 연출자가 되어 무질서하게 흩어져 있는 그림에 역할을 부여하기 시작합니다. 하얀색 도화지는 순식간에 무대가 되고 도화지 위에 누워있던 도형들은 하나둘 일어나 이야기 속 인물, 사건, 배경으로 변신합니다. 스케치북 위에서 펼쳐지는 연극은 어른들이 한 번도 경험해 보지 못한 신기한 이야기들이 많아 순식간에 그 속으로 빨려 들어갑니다.

낙서 같은 그림은 "빨리 내 생각 좀 물어봐 주세요"라는 아이들의 또 다른 표현입니다. 아이의 그림에서 아이의 소리를 들을 수 있는 어른이 멋진 어른입니다.

2

'부탁'이라 말하고 '강요'를 쏘아대는 부모

강요와 부탁은 다릅니다. '상대에게 무언가를 요구한다'는 같은 목적을 취하지만, 말하는 사람의 태도에 따라 듣는이가 느끼는 뉘앙스는 달라지기 마련입니다.
점심시간에 가끔 아이들의 도시락에서 나는 불쾌한 냄새, 물병 안의 뿌연 물때, 그리고 뚜껑 안쪽의 곰팡이를 경험한 적이 있나요? 당연하다는 듯 아이들의 도시락 설거지를 부탁하는 엄마의 요구를 어떻게 거절해야 할까요?

수업 준비와 상담 전화까지 모두 끝낸 오후, 퇴근하기 전 교실 문단속을 합니다. 화장실 수도가 잘 잠겼는지 점검하는 찰나에 전화벨이 울립니다. 핸드폰 화면에 '경호 어머니'라는 글자를 보는 순간 '받을지 말지'를 고민합니다.

경호 어머니는 유난스럽다 싶을 만큼 이것저것 사소한 일까지 유치원에서 해결하려고 합니다. 집에서는 잘 먹지 않는다며 하루 먹을 양의 치즈, 견과류, 비타민, 보온병 가득 담긴 버섯 물을 보냅니다. 또, 엄마가 로션을 발라주면 짜증을 낸다고 수시로 로션을 보냅니다. 엄마가 해야 할 일을 교사에게 떠넘긴다는 느낌을 자주 받습니다.

전화벨이 끊긴 뒤 마음을 놓았더니 심란한 마음도 모르고 다시 울리기 시작합니다. 퇴근 시간 전이라 어쩔 수 없이 전화를 받습니다. 목소리를 가다듬고, 스스로 가식적이라 느낄 만큼 반갑게 인사합니다.

"선생님, 안녕하세요. 아직 퇴근 시간도 아닌데 전화를 늦게 받으시네요?"

"어머니, 안녕하세요. 지금 퇴근하려고 준비 중이에요. 무슨 일 있으세요?"

경호 어머니의 하이톤 목소리가 살짝 긴장감을 돌게 합니다. '또 무슨 트집을 잡으시려나? 아니면 뭔가를 부탁하시려고 전화하셨나?' 의구심이 스멀스멀 올라오던 저는 의자를 꺼내 앉으며 방어 자세를 취합니다.

"선생님, 부탁이 있어서 전화했어요. 여름이니까 밖에서 친구들하고 놀 일도 많이 생기네요. 놀다가 집에 와서 도시락통을 꺼내면 쉰 냄새가 좀 많이 나요. 그래서 말인데, 도시락통을 선생님이 씻어서 보내주면 어떨까요?"

어머니의 말에 시계를 보니 6시 5분 전입니다. '3시에 귀가해서 6시에 도시락 뚜껑을 열었다면 쉰 냄새가 나는 건 당연한 거 아닌가요?'라고 말하고 싶습니다. 하지만 차마 입 밖으로 꺼내질 못합니다. 대신 경호 어머니가 파놓은 함정에 빠지지 않기 위해 못 알아들은 척을 합니다.

"어머니, 방금 뭐라고 하셨는지 제가 정확히 이해를 못 했어요."

"요즘 날씨가 좋아서 놀이터에서 놀다가 들어오는데 도시락 뚜껑을 열면 쉰 냄새가 많이 나네요. 선생님도 엄마니까 잘 아시잖아요. 씻어도 냄새가 잘 빠지지도 않아요. 선생님이 점심시간에 도시락을 씻고 말려서 보내주시면 냄새도 안 나고 좋잖아요."

"어머니~ 경호 도시락 보면 아시겠지만, 여름이라 남은 음식물 찌꺼기는 물로 한번 헹궈내고 보내고 있습니다."

"선생님~ 물로 헹구는 것보다 세제로 깨끗이 씻고 말려서 가방에 넣어주시면 좋잖아요."

어이가 없어 저도 모르게 "어머니!" 하고 큰 소리를 냈습니다. 생각지도 못한 소리의 진동에 놀란 저는 통제력이 흔들리기 시작했다는 것을 직감했습니다. 이 상태로 계속 통화를 하다가는 감정을 들킬 것 같아 덜컥 겁이 났습니다.

"어머니, 보조 선생님이 불러서 방금 하신 이야기를 정확히 못 들었어요. 중요한 이야기 아니면 다음에 알려주세요. 지금 급하게 1층으로 내려가 봐야 할 것 같아요. 먼저 전화 끊을게요. 죄송합니다."

어머니의 대답을 기다리지도 않고 전화를 끊었습니다. 하지만, 경호 어머니는 할 말을 다 못한 듯 메시지를 보내옵니다.

'선생님, 도시락 설거지는 지난번에 제가 알려드린 세제로 하면 좋겠어요.'

메시지를 보는 순간 전화 통화 내내 누르고 있던 불쾌감이 터져 나와 "아휴 정말!"이라는 말과 동시에 아무 잘못이 없는 무릎을 전화기로 내려칩니다. 그러자 기다렸다는 듯 경호 어머니의 부탁들이 하나 둘 떠오르며 짜증은 순식간에 목구멍까지 차오릅니다.

월요일 점심시간이었습니다. 배식 준비를 하는데 민주가 코를 막고 부릅니다.

"선생님, 이상한 냄새가 나요. 빨리 와 보세요."

경호 도시락이 설거지가 안 돼서 역겨운 냄새가 올라온 것입니다. 민주는 짜증을 내며 빨리 뚜껑을 닫으라고 경호를 다그칩니다. 그 말에 경호는 부끄러워 얼굴이 빨개져 어쩔 줄 몰라 합니다. 저는 얼른 도시락 뚜껑을 닫고 여분의 식판을 경호에게 줍니다. 아이들이 밥을 먹을 동안 도시락을 깨끗이 씻어서 말렸지만 그래도 냄새가 좀 났습니다.

방과 후 경호 어머니에게 전화가 왔습니다.

"선생님, 오늘 경호가 유치원에서 밥 먹었어요?"

"네, 오늘 평소보다 많이 먹었어요. 밥과 어묵볶음을 두 번이나 먹었어요."

"진짜 먹은 거 맞아요? 도시락이 깨끗하던데요. 도시락에 음식을 담은 흔적이 없던데요."

"어머니, 알림장에 적어놓은 거 못 보셨어요? 경호 도시락이 설거지가 안 돼 있어서 제 식판을 경호한테 주고 경호 도시락은 깨끗이 씻어서 말려서 보낸 거예요."

"네? 도시락 설거지가 안 되어 있었다고요?"

"네, 경호 말로는 금요일에 엄마가 친구들과 약속이 있어서 안 씻어놨다고 하던데요."

"아… 그럴 리가 없는데, 이 녀석이 쓸데없는 말을 하고 다니네요. 네네, 알겠어요. 선생님, 경호 진짜 점심 먹은 거 맞죠?"

"경호한테도 한번 물어보세요."

"선생님, 근데 어떤 세제를 쓰셨어요?"

"네?"

"사용하신 세제 제품명이 뭐예요? 저는 시중에 파는 일반 화학 세제는 사용하지 않고, 유기농으로 된 세제를 사용해요. 화학 세제는 성분이 그대로 남아 있어서 몸에 안 좋은 거 알고 계시죠? 어떤 세제를 사용하셨는지 사진 찍어서 한번 보내주세요."

어머니가 던진 말은 날카로운 비수가 되어 마음 이곳저곳을 찌릅니다. 그리고 급기야 평정심에 미세한 금이 가기 시작합니다. '이건 또 무슨 경우야, 고맙다는 말부터 해야지. 어떤 말로 한마디 쏘아붙이지?' 정말 그 순간만큼은 뾰족한 말들을 가득 담아 속사포처럼 쏘아대고 싶었습니다. 하지만 제 말은 듣지도 않을 것이라는 생각에, 핸드폰을 스피커 모드로 바꿔 책상 위에 올려 놓은 뒤 창가로 갔습니다. 경호 어머니는 제 마음을 아는지 모르는지 계속 말을 합니다.

"선생님, 내일 경호 편에 세제 한 통 보낼게요. 다음에 씻을 때는 보내드린 세제로 씻어주세요."

이 한마디에 갈가리 찢어진 마음 사이로 짜증과 얄미운 마음이 멈추지 않고 올라옵니다.

예전 일까지 떠오르니 제 마음은 불쾌감으로 가득 찹니다. '도대체 이 엄마는 나를 선생님으로 생각은 하고 있는 거야? 자신이 고용한 가사도우미 정도로 생각하는 거 아니야?'

생각 노트

시대가 빠르게 변하면서 현장에서 보육과 교육의 경계는 점점 모호해지는 것이 사실입니다. 가정에서 부모의 돌봄 역할은 점점 축소되는 반면, 교사의 어깨 위의 보육에 대한 부담은 눈덩이처럼 커졌습니다. 부모로부터 넘어오는 일방적인 돌봄(보육)을 거절하기는 갈수록 어렵습니다. 거절은, 잘못하면 부모의 기분을 상하게 해 관계를 깨뜨릴 수도 있기 때문입니다.

사람들은 '거절할 줄 아는 용기'에 대해 조언하지만, 선생님에게는 '감정을 감출 수 있는 용기'가 더 필요합니다. '교사는 부모 부탁을 당연히 들어줘야 한다'라고 생각하는 부모 앞에 자기 생각을 드러내면, 부모는 '민원'과 'SNS'라는 무기를 슬그머니 꺼내 듭니다. 그런 행동의 밑바탕에는 부모가 교사를 자녀교육의 동반자로 존중하는 것이 아니라, 언제든 바꿀 수 있는 자녀교육의 도구로 여기는 생각이 자리잡고 있습니다.

3

어른들이 정해놓은 아이들의 때

"모든 일에는 때가 있다"라는 말이 있습니다. 한글은 몇 살 때까지 떼기, 영어는 몇 살에 시작하기, 예체능은 몇 학년 때 끝내기, 더 심한 경우는 의대를 진학하기 위해 초등학생 때 수학 정석 다 풀기 등… . 어른들은 아이들을 위해 수많은 때를 정합니다.

"선생님~ 오늘 집에 손님이 오신다고 해서 요리하면서 선생님들 드실 것도 준비했어요. 다 같이 간식 겸 저녁으로 드세요."

희정 어머니께서 음식을 건네주시고는 손님 맞을 준비를 하러 간다며 급하게 가십니다. 음식 가방 위에 노란색 예쁜 편지 봉투가 꽂혀 있습니다.

선생님, 전화로 말씀드릴까 하다가, 혹시 감정 제어를 못 해 실수할까 봐 편지로 적어봅니다. 오늘 아침, 희정이 이모가 운동하러 나왔다가 등원하는 희정이를 보고 반가워서 창문으로 교실 안을 잠깐 들여다봤대요.

선생님께서 무슨 이유에서 화가 나셨는지 갑자기 희정이 활동지를 구겨서 애 얼굴에 던졌다고 하더라고요. 이모가 놀라고 흥분해서 전화가 왔네요. 사실, 처음 이야기를 들었을 때는 너무 열받고 화가 나서 곧바로 찾아가려고 했어요. 아무리 애가 잘못했어도 해서는 안 될 행동이 있는데, 7살 아이가 뭘 얼마나 잘못했기에 종이를 구겨서 얼굴에 던졌는지 생각할수록 심장이 떨리고 벌렁거리는 거예요. 희정이 아빠한테 전화해서 말했더니, 지금 찾아가면 싸움만 나고 아이가 상처받으니 기다렸다가 집으로 돌아오면 이야기를 들어보고 찾아가라며 저를 말렸어요.

그런데 유치원에서 돌아온 희정이한테 오늘 유치원에서 있었던 일을 물어보니 친구들하고 놀았던 이야기와 체육 수업한 것만 이야기하고 그 일에 대해서는 말하지 않네요. 아이와 이런 저런 이야기를 하다보니 처음보다 마음이 진정되어 차분히 생각해 봤어요. 생각할 수록 '선생님에게 뭔가 이유가 있지 않았을까'라는 마음이 들었어요. 하지만 담임 선생님과 직접 통화하면 감정적으로 대처할 수도 있을 것 같아서 원장 선생님께 말씀드려요. 상황을 한번 확인해 보시고 알려주세요. 수고하세요.

- 희정 엄마 드림

편지를 읽으면서 7세 반 선생님의 충격적인 행동에 너무 놀라서 손이 떨립니다. 상황을 이해하려고 애써 이유를 찾아보지만 생각하면 생각할수록 그런 행동이 이해는 되지 않습니다. 사무실을 왔다 갔다 아무리 궁리해도 충격에 놀라 쿵쿵거리는 심장 소리는 쉽게 멈추지 않고, 치밀어 오른 화로 속은 점점 답답해집니다.

편지를 책상 위에 놓고 머그잔 가득 커피를 담아 마당으로 나갔습니다. 흔들거리는 그네에 몸을 맡기며 교실 밖으로 새어 나오는 아이들의 소리, 지나가는 사람들의 소리에 관심을 돌려 봅니다. 식어가는 커피와 함께 마음의 열도 조금씩 식어갑니다. 열기가 가라앉은 자리에 선생님의 이야기를 들어볼 마음의 공간이 아주 조금은 생겼습니다. 사무실로 들어가 어떻게 말을 꺼낼까 고민하고 있는데, 노크 소리가 들리고 7세 반 선생님이 들어옵니다.

저는 아무 말 없이 희정 어머니의 편지를 건넵니다. 편지를 읽던 선생님은 편지 속 상황에 대한 설명도 없이, 고개를 떨구고 울기 시작합니다. 7세 반 선생님은 유아교육을 전공했지만, 유치원보다는 학원에서 초등 고학년을 가르친 경험이 더 많습니다. 아이들을 대하는 태도와 학습에 접근하는 방법이 이전과 많이 달라, 그 간격을 좁히느라 부단히 노력하고 있는데 이런 일이 발생했습니다.

7세 반은 매일 아침 15분 정도 동시 낭독과 쓰기를 합니다.

동시는 상상력을 자극하고 아이들의 공감을 불러일으키는 내용이 많습니다. 낭독하고 쓰면서 아이들은 경험과 생각을 꺼내 이야기 소재로 삼습니다. 이 과정은 글 밥이 많은 책으로 넘어가는 길목이며, 쓰기를 싫어하는 친구들도 흥미를 느끼게 합니다. 이 활동은 한글에 대한 아이들의 학습 부담감을 줄여주고 성취감이 높아서 부모님들의 반응이 좋습니다.

그런데, 희정이가 며칠 전부터 동시를 네모 칸 안에 맞추지 않고 후다닥 엉망으로 쓰고, 그림만 그렸다고 합니다. 선생님이 몇 번 이야기했지만, 희정이는 대답만 하고 글씨는 점점 낙서처럼 변해 오늘은 선생님이 작정하고 옆에 앉아서 도와주었다고 합니다. 하지만 희정이의 마음은 이미 그림 그리기에 가 있습니다. 그러다 보니 대충 읽고 글씨도 휘리릭 아무렇게나 적습니다.

선생님이 엉망으로 쓴 글씨를 깨끗이 지워주고 다시 적으라고 합니다. 희정이는 미간을 찌푸리더니 투덜대며 신경질적으로 글씨를 써서 선생님께 줍니다. 글씨를 엉망으로 쓰며 짜증을 내는 희정이 모습을 바라보니 순간적으로 분노가 일어 차마 해서는 안 될 행동을 했다고 합니다.

"저희 반 아이 중에 아직 한글을 제대로 읽지도 못하고, 쓰기도 못하는 친구가 여럿 있어서 학교 갈 시기가 다가오니 제가 요즘 마음이 좀 급해졌나 봐요. 희정이는 나름 잘하고 있는데 제가 왜 그런 행동을 했는지 지금도 잘 모르겠어요. 순간적으로 제 행동을 조절하지 못한 것 같아요."

"관심이 있고 잘할 수 있다는 걸 아니까 욕심도 낸 거겠죠. 못하면 누가 속도를 내겠어요. 하지만 아무리 그래도 선생님이 해서는 안 될 행동이 있어요."

선생님의 마음이 이해는 되지만 한편으로는 자기 행동에 대한 책임을 아이를 위해서라고 포장하는 것처럼 들립니다.

"선생님, 피아노 배울 때 혹시 볼펜으로 손등을 맞아본 적 있어요?"

"네? 많은데요. 손 모양 때문에 많이 맞았어요."

"그 방법 어떻게 생각해요?"

"아프고 기분은 나쁘지만 다들 그렇게 배우니 당연하게 받아들였어요."

"그렇죠. 그때는 나도 당연하다고 생각했어요. 그런데, 내가 직접 피아노를 가르쳐보니 조금만 다르게 생각하면 더 좋은 방법을 찾을 수 있어요. 그것도 아주 많이요. 자전거 배워봤죠? 아빠가 한참 동안 잡아주지만 나중에는 아빠가 손을 놓은 줄도 모르고 혼자서 잘 타요. 나중에 손을 놓았다고 말하면 깜짝 놀라고 신나하잖아요. 그것처럼 선생님이 볼펜으로 손등을 때리는 대신 아이 손목을 잡아주면 돼요. 선생님, 유치원 선생님은 결과를 만들어 내는 사람이 아니에요. 아이들 속에 잠자고 있는 호기심을 깨워 앞으로 나아가게 만드는 사람이에요."

자신을 이해해 주지 못한다고 생각했는지 선생님의 얼굴이 빨개지면서 표정이 굳어집니다. 미묘한 침묵이 흐르다 선생님이 조심스럽게 입을 엽니다.

"죄송해요. 아무리 좋은 의도라도 아이들에게 하면 안 될 행동이 있는데, 제가 진짜 잘못한 것 같아요. 희정 어머니께 어떻게 말씀드리면 좋을까요?"

"그래도 선생님께 이유가 있을 것으로 생각해 기다려주신 걸 보면 얼마나 감사한지 몰라요. 솔직하게 이야기하세요. 물론 처음엔 속상해서 화를 내시겠지만 선생님이 진솔하게 마음을 전달하면 희정이 어머니도 충분히 이해하실 거예요. 그리고 나도 같이 사과할 테니 걱정하지 말고 정직하게 이야기하세요."

생각 노트

"때가 있다"라는 말은 아이들의 발달과정을 예측할 수 있다는 뜻입니다. 교육 과정을 통해서 어른들은 아이들의 '학습 시기'를 정합니다. 하지만 아이들의 '호기심'은 학습의 때를 바꿔버립니다.

발달과정에서 때를 놓치면 분명히 힘든 영역이 있습니다. 하지만 듣기, 말하기, 읽기, 쓰기가 어른의 생각처럼 순서대로 표출되는 것은 아닙니다. 어느 한 곳에 호기심을 보인 아이는 제 생각을 표출하기 위해 그동안 보고 배운 모든 것을 동시에 터트립니다. 그 화력은 어른이 생각하지 못할 만큼 엄청납니다. 교육 현장에서 아이들이 교육 과정을 제때 따라오지 못하면 선생님의 마음이 급해집니다. 이때 선생님이 해야 할 일은 '때가 되었을 때' 아이에게서 표출할 것이 있도록 포기하지 않고 많은 것을 경험시키는 것입니다. 아웃풋(out put)은 인풋(in put)이 있을 때 가능합니다.

4

장애아가 아닌 '내 친구'로 불러주세요

장애아와 비장애아가 함께 생활하고 있다면 제일 먼저 어떤 생각이 드시나요? 혹시 내 아이가 피해를 보지 않을까? 아니면 또래 아이들이 자발적으로 배려를 해줘야 한다 등, 각자 처지에 따라 생각의 방향은 여러 갈래로 나누어질 것입니다.

원아 모집으로 한창 바쁜 12월의 어느 날, 졸업생인 수인 아버지에게서 만나 뵙고 싶다는 연락이 왔습니다. 선생님들이 다 퇴근한 깜깜한 유치원에 수인이 부모님이 늦둥이 수겸이를 안고 들어옵니다. 온몸을 이불로 똘똘 감싼 수겸이를 바닥에 내려놓고 이불을 벗깁니다. 수겸이 다리가 형광등에 반사되어 반짝거립니다. 4살 수겸이는 한쪽 다리에 보조기구를 차고 있는 장애아입니다. 처음 만난 아이는 엄마 무릎에 앉아서 "안녕하세요"라고 인사를 합니다. 또랑또랑한 목소리와 웃는 모습이 구김이 없고 참 귀엽습니다.

엄마 무릎에 앉아 교실을 둘러보던 수겸이는 유치원에 있는 교구들이 신기한지 엉덩이를 들썩이며 일어서고 싶어 합니다.

"수겸이가 갖고 놀고 싶은 게 있으면, 교구장에서 꺼내서 매트 위에 가서 놀아요."

제 말을 기다렸다는 듯 수겸이는 두 팔로 바닥을 짚고 일어납니다. 균형이 잘 잡히지 않는 몸으로 휘청거리며 교구장을 향해 걸어가는 모습을 호기심과 애처로운 눈으로 쳐다봅니다. 시선을 눈치챈 수겸 어머니께서 정확한 병명과 원인은 모르지만, 신경세포 중 하나가 손상되어서 왼쪽 다리가 자라지 않게 되었다며 아이의 상태를 이야기해 줍니다.

"선생님, 사실 오늘 부탁이 있어서 왔습니다. 수겸이가 유치원에 가야 할 나이가 되었는데, 여러모로 선생님이나 유치원 친구들에게 피해를 줄 것 같아서 망설였습니다. 수겸이는 다리가 조금 불편하긴 하지만 보조 장치를 착용하면 혼자서 충분히 걸을 수 있어요. 무엇보다 인지능력에는 아무 이상이 없어서 유치원 생활을 하는 데는 어려움이 없을 거예요."라며 유치원에 입학시켜 달라고 부탁합니다.

두 시간 이상 여러 가지 이야기를 나누며 수겸이를 관찰해

봅니다. 보조 장치를 착용해 뒤뚱거리기는 하지만, 걷기도 하고 빠르지는 않지만 뛰어다니기도 합니다. 장애 아동과 비장애 아동이 함께 생활하는 것이 서로에게 좋은 영향을 준다고 생각하고 있었기에 오래 고민하지 않고 원생으로 받았습니다. 그 결정을 했을 당시에는 옳다고 생각한 나름의 신념으로 밀고 나간 것일 뿐 훗날 그 결정이 몰고 올 일들에 대해서는 전혀 예상하지 못했습니다.

수겸이가 입학하고 얼마 지나지 않아 문제의 빗방울을 잔뜩 머금은 먹구름이 조금씩 유치원 지붕 위로 모여들기 시작합니다.

“장애아가 있으면 선생님이 그 아이를 챙겨야 하잖아요. 그럼 우리 애들에게는 손이 덜 가지 않겠어요?”

“우리 아이하고 같은 팀에는 넣지 마세요.”

“왜 저 애만 계단 내려갈 때 보조 선생님이 가방을 들어줘요? 다른 애들은 안 도와주면서.”

4세 반에 등록했다가 수겸이의 상태를 보고는 환불 요청을 한 친구들도 생겼습니다. 유치원이 아파트 단지 입구에 있던 터라 원생들이 놀이터에서 바깥놀이 활동을 하면 지나가는 아파트 주민들이 다 볼 수 있는 환경입니다.

장애아가 다닌다는 소문은 순식간에 주변으로 퍼져나갔습니다. 그리고 그 소문은 다른 반에도 영향을 미치기 시작합니다. 사람들은 장애아가 같이 있으면 우리 아이에게 피해를 준다는 생각만 할 뿐 수겸이가 어떤 아이인지는 관심이 없습니다. 결국 4세 반은 12명 중 7명이 등록을 포기했습니다.

사실 수겸이는 생각보다 그리 중증장애를 갖고 있지 않습니다. 오직 화장실을 이용할 때 바닥에 물이라도 떨어져 있으면 보조기구를 찬 수겸이가 미끄러질 수 있으니 보조 선생님이 도와주고, 나머지는 다른 친구와 똑같은 생활을 했습니다. 다리가 불편해서 하지 못하는 활동은 하나도 없습니다. 가끔 아이들은 수겸이 다리에 있는 보조기구가 신기해 만져보면서 왜 우리랑 다르냐고 물어봅니다. 저는 "우리가 감기에 걸려서 약을 먹고, 눈이 나쁠 때 안경을 착용하는 것처럼, 다리가 좀 아픈 것뿐."이라고 했습니다.

친구들은 수겸이가 장애가 있다고 생각하지 않고 우리가 손가락을 다치면 그림 그리는 게 힘들고, 발을 다치면 뛰어놀기 힘든 것처럼, 단지 다리가 아파 조금은 불편한 생활을 하고 있다고 생각합니다.

어느 날, 수겸이네 반 친구 예지 아버지로부터 전화가 왔습니다.

"선생님, 오늘 유치원 근처에 볼일이 있어서 갔다가 놀이터에서 놀고 있는 예지 반 친구들을 봤어요. 예지한테 '장애인이 있던데 이름이 뭐야?' 하고 물어봤어요. 예지가 '장애인이 아니고 내 친구야'라고 말하네요. 사실 그 친구가 제대로 못 걷는 걸 보면서 다른 애들한테 피해를 주지는 않을까 걱정이 되더라고요. 그런데 예지가 '장애인이 아닌 친구'라고 말해서 어찌나 부끄럽던지요. 한편으로는 감동했습니다. 이래서 어른들도 아이들한테 배워야 한다고 말하나 봐요. 아이들을 잘 가르쳐 주셔서 감사합니다."

어른들은 장애아와 함께 있다는 사실만으로도 내 아이에게 갈 피해를 먼저 생각합니다. 하지만 아이들에게는 다리가 불편한 친구도, 소리를 잘 못 듣는 친구도 '그냥 친구'일 뿐입니다.

신문 기사에서 다운 증후군 딸을 둔 어느 부모님의 인터뷰 기사를 본 적이 있습니다.

'장애인에게는 우리가 해주고 싶은 것이 아닌 그들이 원하는 것을 해줘야 한다. 초등학교 때 실내화를 신던 우리 딸은 늘 "아이들이 내 운동화를 신겨주려 해서 귀찮아"라고 했다. '아이는 운동화 갈아신는 것을 기다렸다, 함께 교문까지 걸어가며 이야기를 나눌 친구를 원했던 것'이다. 하지만 친구들은 우리 딸이 운동화를 갈아 신을 때 도움만 줬을 뿐, 뒤도 돌아보지 않고 뛰어가 버렸다.'

이 기사를 읽으면서, 어른들은 자신이 이미 경험한 좁은 환경 안에서 상황을 해석해 많은 아이를 권위적으로 억압하려 든다는 생각이 들었습니다. 어른이 경험했던 세계가 시냇물이라면 아이들이 경험할 세계는 바다입니다.

장애아뿐 아니라 세상의 모든 아이는 태어날 때부터 자신이 원하는 것을 타인이 해주길 원합니다. 그 증거가 바로 '울음'입니다. 모든 부모는 이유 없이 우는 아이를 달래 본 경험이 있습니다. 부모의 생각대로 이리저리 달래도 울음을 그치지 않습니다. 아이가 울음을 그치는 순간은 자신이 원하는 것이 갖춰진 순간입니다. 바로 그 욕구가 해결되었을 때 아이는 언제 울었냐는 듯 울음을 '뚝' 하고 그칩니다.

울음으로 자신이 원하는 걸 표현하다 점점 말을 익히면서 구체적으로 표현하는 방법을 배우게 됩니다. 그때 부모가 아이에게 가르쳐야 할 것이 있습니다. 바로 타인이 내 욕구대로 해주길 기다리는 것이 아니라, 내가 무엇을 원하는지 '나 전달법'을 통해 자신의 생각과 마음을 전하는 방법입니다.

친구와 함께 걸어가며 대화하고 싶었다는 아이의 이야기를 들을 때 엄마 마음은 속상하고 찢어집니다.

"친구랑 같이 걸으며 이야기하고 싶었을 텐데 진짜 속상했겠다. 하지만 신발을 신겨 준 친구한테는 정말 고마움을 전달해야 해. 얼른 운동장으로 뛰어가고 싶었을 텐데 그 마음을 참고 너를 도와준 것일 테니. 친구는 말하지 않으면 네 마음을 몰라. 친구는 신발을 갈아 신는 걸 도와주는 것만으로도 네가 좋아할 거라 생각했을 거야. 그러니 다음에는 신발은 혼자 신을 수 있으니 기다렸다가 같이 가 줄 수 있냐고 먼저 말해 봐."

부모는 친구 마음도, 아이의 마음과 같다는 걸 알고 도와주는 친구에게 자신의 '고마워하는 마음'을 표현할 수 있도록 알려주어야 합니다. 어른이 되어갈수록 우리는 많은 것들을 계산하고 따지지만, 아이들은 순수한 친구의 마음을 읽으려 합니다. 어른들은 자꾸 아이들에게 배려의 가면을 씌우려고 하지만, 이런 가식의 가면은 불편합니다. 어느 순간, 두 손에 가면을 벗어던질 힘이 생기면 아이들은 언제든지 어른이 없는 곳에서 가면을 벗어던질 것입니다.

생각 노트

너와 나, 장애인과 비장애인, 좌파와 우파, 백인과 흑인, 유럽인과 아시아인 등 어른들은 자신들의 이익을 중심으로 보이지 않는 선을 그어 하나하나 잘게 나눕니다. 반대로 아이들은 흩어진 입자들을 모아서 우리 선생님, 우리 친구, 우리 동네, 우리 유치원 등 '우리'라는 이름으로 아우릅니다.

'나눈다'라는 것은 '차이를 안다'라는 뜻입니다. '안다는 것'은 오랜 시간 개인과 개인이 속한 사회의 직간접적인 경험의 축적에서 나온 문화와 관습입니다. '차이를 안다는 것'과 '차이를 인정한다는 것'은 다릅니다. 이해(利害) 논리 속에서 어른들의 차이는 차별과 분리를 만들지만, '우리'라는 이름 안에서 나와 너의 차이를 알아가는 아이들은 서로를 인정하며, 일방적인 배려가 아닌 상호 간의 배려 속에서 함께 성장해나갑니다.

5

엄마, 아빠 숨소리조차 따라 하는 아이들

'자녀는 부모의 거울이다'라는 말을 가장 잘 보여주는 상황이 언제인지 아시나요? 바로 유치원에서 하는 아이들의 소꿉놀이 시간입니다. 부모도 모르고 있는, 아이 눈에 비친 우리 가정의 모습은 어떤 모습일까요?

"선생님, 장난꾸러기들 돌보느라 힘드시죠?"

진우 어머니는 잠시 이야기를 나누고 싶어서 들르셨다며, 주머니에서 박카스를 꺼내 슬쩍 책상 위에 올려놓습니다.

예기치 않은 학부모의 방문은 늘 긴장하게 만듭니다.

"저희가 무심결에 '아이 씨'라는 말을 했다가 진우한테 여러 번 혼났어요. 유치원에서 선생님이 욕하는 입은 나쁜 입이라고 했다며, 자기는 나쁜 입을 가진 엄마, 아빠는 싫다고 하네요. 근데 며칠 전부터 진우가 아빠한테 이상한 말을 물어봐요."

"어떤 말인데요?"

"미친 ××, ×발, 돌대가리 새끼 등, 이 말이 무슨 뜻인지 물어봤대요. 그러더니 지난 주말에 사촌 동생이 놀러 왔는데 책을 읽어주겠다고 하더니 진우가 글쎄 동생한테 이×× 돌대가리야! 이렇게 말해서 얼마나 놀라고 당황했는지 몰라요. 어디서 들었냐고 물어보니 형욱이가 놀 때마다 그런 말을 한대요. 진우하고 형욱이는 유치원 버스도 같이 타잖아요. 진우 아빠는 애가 무슨 뜻인지 모르고 한 말이라며 선생님께 말하지 말라고 해요. 하지만 제 생각에는 선생님께 알리고 의논하는 것이 맞는 것 같아서요."

수줍음은 많지만 어디서든 선생님을 만나면 먼저 다가와 인사하는 6살 형욱이. 4세 때 처음 만났을 때는 개구쟁이였고, 말도 많았습니다. 그런데 어느 순간부터 허공을 향해 과격한 행동을 하고 말수도 점점 줄어들기 시작했습니다. 하지만 친구들과 놀 때는 그런 행동을 하지 않았고, 험한 말을 하는 걸 들어보지는 못했습니다.

오늘도 형욱이는 제일 친한 진우를 데리고 소꿉놀이 영역에 갑니다. 두 아이가 초록색 매트를 바닥에 깔고 있을 때, 여자아이 두 명이 같이 놀자고 왔습니다. 아이들은 매트 위에 소꿉놀이 교구들을 펼친 후, 형욱이는 아빠, 진우는 오빠, 여자아이들은 엄마와 여동생이 됩니다. 저녁을 맛있게 먹고 엄마와 아빠는 커피를 마시고, 아이들은 아이스크림을 먹습니다. 커피를 다 마신 아빠가 아들 손에 있는 아이스크림을 가리키며 말합니다. "왜 이렇게 천천히 먹어. 그만 먹고 아빠하고 공부하러 가자." 아이들의 자연스러운 연기는 이 놀이가 처음이 아님을 알려줍니다.

아들이 된 진우는 얼른 아이스크림을 한입 베어먹고는 엄마에게 건네주고 초록 매트(아이 방)로 갑니다. 아빠인 형욱이도 사각형 작은 책상을 가지고 가더니 초록 매트 위에 놓습니다.

"한글책하고 수학책 가지고 와."

아빠인 형욱이 아들 진우에게 공책과 책을 가져오라고 말합니다. 아들인 진우는 아무 말 없이 익숙한 듯 책꽂이에서 책과 연필, 그리고 공책을 꺼내옵니다. 아들은 아빠가 단어를 말하면 따라서 읽습니다. 아빠인 형욱이 갑자기 일어나더니 색연필로 책상을 '탁탁' 칩니다.

"자, 이거 읽어봐. 이 자식이 이것도 못 읽어? 오늘 이거 다 외워야 잘 수 있어! 소리를 내서 읽으면서 쓰라고 했잖아. 아빠 말대로 제대로 해. 빨리해!"

갑자기 아빠인 형욱이가 소리를 지릅니다.

아들 역할을 맡은 진우는 혼자 열연을 펼치고 있는 형욱이가 신기한 듯 쳐다보다 형욱이가 시키는 대로 얼른 공부하는 흉내를 냅니다. 잠시 진우를 쳐다보던 형욱이는 "너 똥 대가리야! 이거 왜 이렇게 썼어? 똑바로 안 써!"라고 소리를 지르고는 색연필로 진우 머리를 '탕탕탕' 칩니다. 이런 행동을 몇 번 할 동안 선생님이 보고 있다는 것도 모르는 것 같습니다.

"자, 다 외웠으니 이제 정리해!"

그런 뒤 아빠 역할인 형욱이는 아들인 진우를 꼭 껴안으며,

"아빠가 너 사랑하는 거 알지? 사랑한다, 우리아들."이라고 말을 합니다.

형욱이의 혼을 담은 1인극을 보며 저는 적잖은 충격을 받았습니다.

"형욱이는 연극배우 같다."

제 목소리에 형욱이는 깜짝 놀랍니다.

"선생님! 형욱이 진짜 잘하죠. 엄청 재미있어요. 근데 형욱이는 형님들이 쓰는 말을 해서 못 알아듣겠어요. 선생님은 알아요?"

진우의 말에 놀란 형욱이는 일순간 표정이 경직되더니 두 무릎 사이에 머리를 집어넣고는 한참 동안 말이 없습니다.

아이들이 모두 집으로 돌아간 뒤, 저는 조용한 시간을 만들기 위해 화장실로 들어갑니다. 변기 뚜껑을 덮고 그 위에 앉아 생각을 정리해 봅니다. 잠시 후 저는 형욱이 아버지에게 메시지를 보냈습니다.

'아버님, 안녕하세요. 형욱이 선생님입니다. 통화가 가능하시면 전화 부탁드립니다.' 메시지를 보내자마자 곧바로 전화가 왔

습니다. 저는 오늘 소꿉놀이에서 있었던 일을 조금 걸러내고 말합니다.

"아이고 선생님, 뭘 그렇게 어렵게 말합니까? 형욱이 엄마가 애 공부 가르치는 걸 보니 답답해서 내가 매일 밤 공부를 가르치고 있어요. 남자애라서 좀 강하게 키우는 편입니다. 남자애 키우면서 그런 말 하지 않는 집이 어디 있습니까?"

"놀 때 비속어를 많이 사용해서 친구들이 따라 해요. 형욱이도 무슨 뜻인지 모르고 말하는 것 같고, 친구들도 자꾸 따라 하니까 조심해야 할 것 같아요."

"우리 선생님이 딸만 키워봐서 아들을 어떻게 다뤄야 하는지 모르나 보네요. 아들을 키워봐야 대화가 되는데…. 참 답답합니다."

아무것도 아니라는 듯한 아빠의 반응과 '부모의 도움 없이 안 된다'라는 벽에 부딪히자 해결 방법이 쉽게 떠오르지 않습니다. 그러다 문득 알림장에 부모님이 적어서 보내는 칭찬편지가 생각났습니다. 저는 칭찬 편지를 반대로 이용해 보기로 했습니다.

매주 월요일, 주말 동안 부모님의 말 중에 가장 행복했던 말, 사랑을 느꼈던 말과 상황을 물어보고 그 내용을 알림장에 적어 집으로 보냈습니다.

"아빠가 ○○하게 말해줘서 기뻤어요.", "엄마가 ○○이라고 말할 때 사랑한다고 느꼈어요." 아이들의 반응은 폭발적이었습니다. 그런 아이들을 보면서 아이가 행복해하는 말이 무엇인지 안다면 부모님들이 자신들의 언어를 돌아보지 않을까 생각했습니다.

생각 노트

부모님들은 아이들이 낯선 말과 행동을 하면 유치원을 염두에 두고 '어디서 배웠을까요?'라고 선생님께 출처를 물어봅니다. 사용된 발자국을 따라 뒷걸음질해서 가보면 표출된 곳은 유치원이지만 발생지는 대부분 가정입니다.

아이들이 내뱉는 말 중에는 생각보다 비속어가 많습니다. 아이들은 대부분 그 뜻을 모르고 듣고 본 대로 말하며, 친구들은 그 모습을 무방비로 수용해, 거부감없이 따라 합니다. 부모의 생물학적 DNA는 자녀에게만 유전되지만, 말과 행동은 내 아이를 통해 주변 친구들에게 소리 없이 빠르게 전염됩니다. 부모의 부정적인 말과 행동은 빠르고 강하게 아이들의 언어를 오염시키고 정서를 파괴합니다. 출처보다 더 중요한 건 이것을 인식하는 것입니다. 꼭 기억해 주세요. 부모로부터 시작된 건 부모만이 바꿀 수 있다는 것을.

6

아이들의 소풍날, 소화제를 챙겨가는 선생님

따뜻한 봄날, 공원에 가면 야외활동을 나온 아이들과 선생님들의 모습을 자주 목격합니다. 멀찍이 서서 그 모습을 보면 참 여유롭고 아름다워 보입니다. 야외활동을 마치고 돌아오면 부모님들은 "선생님은 아이들하고 노니까 좋았겠어요."라고 인사말을 건넵니다. 아이들처럼 선생님에게도 야외활동이 마냥 즐거운 시간일까요?

오늘은 감 농장으로 감을 따러 갑니다. 모든 아이는 평소보다 20분 일찍 등원합니다. 평소 같으면 조금만 걸어도 힘들다고 할 아이들이 간식과 도시락이 들어있는 가방을 메고도 불평 한 마디 없습니다. 가방은 무겁지만, 아이들의 발걸음은 가볍습니다. 친구들과 함께 신바람 나게 유치원 버스를 향해 걸어갑니다.

아이들이 모두 버스에 탑승한 뒤 저는 이름을 부르며 인원을 확인했습니다. 그 사이 선생님들은 일일이 안전띠를 채워주고, 가방을 의자 아래에 넣습니다. 버스에서 지켜야 할 안전 수칙을 듣는 아이들은 주체할 수 없이 흥분된 마음을 애써 숨기지 않습니다. 동그란 눈을 더 동그랗게 뜨고, 서로 경쟁하듯 크고 또랑또랑한 목소리로 대답합니다. 모든 준비를 마치고 버스가 출발합니다. 흘러나오는 동요에 맞춰 목청껏 노래를 부릅니다. 아이들의 노랫소리로 가득 채워진 버스 안은 흡사 관광버스 속 풍경과 비슷합니다.

감 농장에 도착한 후, 선생님들이 사전답사에서 미리 찾아놓은 서늘하고 그늘진 장소에 야외용 돗자리를 펼칩니다. 아이들은 돗자리 위에 가방을 올려놓고 농장 주인아주머니를 따라갑니다. 아이들은 농장 가운데 준비되어있는 넓은 평상 위에 걸터앉아 감을 따는 방법을 배우고, 흙장난 하지 않기, 감나무 꺾지 않기 등 주의 사항을 듣습니다. 본격적으로 감을 따기 전, 각 반 선생님들은 아이들을 한 명 한 명 불러서 배운 대로 감을 따 보게 합니다. 모든 준비를 마치고 아이들은 직접 감을 따기 시작합니다.

주황색 예쁜 감은 아이들과 힘을 겨루듯 감나무에서 떨어지지 않기 위해 온 힘을 다해 버티기를 합니다. 하지만 오늘을 위해 에너지를 가득 채워 온 아이들을 이기지는 못합니다. 아이들은 감 하나를 따면 마치 보물을 찾은 것처럼 의기양양한 표정으로 "선생님! 이거 보세요." 하며 달려와서 보여줍니다. 커다란 바구니는 아이들이 따온 감들로 하나둘 채워지고 있습니다.

"모이세요! 점심 먹을 시간이에요."

시간도 잊은 채 모두가 감 따기에 몰두한 사이, 산처럼 높이 쌓인 바구니 속 감들이 점심시간이 되었음을 알려줍니다.

"선생님, 밥 먹고 나서 또 감 따도 돼요?"

"밥 먹고 나무에 올라가도 돼요?"

아이들은 점심보다는 점심 후 놀이에 더 관심이 많습니다. 매트 위에 동그랗게 둘러앉은 아이들에게 물티슈를 나눠줍니다. 아이들은 손가락 사이사이와 손톱까지 깨끗이 닦습니다.

"손을 깨끗이 닦은 친구들은 도시락 꺼내세요."

아이들은 준비해 온 도시락을 펼쳐놓습니다. 어른이 되어서도 오랫동안 기억에 남는 것 중 하나가 어릴 적 소풍 도시락입니다. 소풍에서 가장 자주 만나는 친구는 바로 '김밥'입니다. 비슷한 듯 조금씩 다른 아이들의 도시락은 보는 재미와 먹는 재미, 그리고 나눠 먹는 재미까지 더해져 소풍을 더욱 즐겁게 만들어줍니다.

"얘들아, 아직 도시락에 손대지 말고 기다려요. 선생님이 맛보고 나서 'OK' 하면 먹어요. 기다릴 수 있죠?"

"오늘은 누구 김밥부터 먹어요?"

"선생님! 엄마가 선생님이랑 같이 먹으래요. 이건 선생님 김밥이에요."

"선생님! 난 김밥 아니에요. 나도 김밥 먹고 싶어요."

"빨리 먹어봐요. 나눠 먹어도 돼요?"

"우와! 어떤 김밥을 먼저 먹을까? 제일 멋진 자세로 기다리고 있는 친구 김밥부터 먹어야지."

저는 일회용 장갑을 끼고 아이들이 준비해온 점심을 맛보기 시작합니다. 야외활동 때는 음식이 상할 수 있기에 선생님은 아이들이 준비해온 김밥을 하나씩 맛봐야 합니다. 차례대로 하나씩 먹고 있으면 아이들은 선생님이 무슨 말을 할지 기대하는 눈으로 쳐다봅니다.

"희준이 당근은 사탕같이 달콤하네."

"현지 김밥은 공룡알처럼 크다. 그래서 현지가 힘이 센가 보다."

"민우 김밥에 있는 달걀은 솜사탕처럼 부드럽다."

김밥을 맛볼 때 선생님이 하는 말과 표정은 중요합니다. 이 사소한 표현이 아이들의 점심 식사 태도와 기분을 좌우합니다. 그래서 맛보고 나서는 아이들의 특성에 맞게 말을 다 다르게 합니다.

그런데 이렇게 중요한 일이 소풍에서 선생님을 제일 힘들게 합니다. 뭐가 힘들까요? 선생님이 맛을 확인해야 아이들이 점심을 먹을 수 있으니 짧은 시간 안에 15개의 김밥을 맛보기 위해서는 빠른 속도로 삼켜야 합니다. 그 시간이 끝나면 선생님은 어김없이 소화제를 먹고 퇴근 후에는 병원에 갑니다. 세월이 지나 고등학생이 된 제자에게 소풍 이야기를 했습니다.

"선생님은 그걸 왜 다 먹어요. 뱉어내면 되는데. 요령도 없으시고 어리석네요."

"아이들에 대한 사랑과 투철한 직업 정신을 이런 식으로 말하다니, 너! 너무한 거 아냐? 그리고 아이들이 다 보는데 어떻게 뱉어내니?"

저는 제자를 한번 째려보고는 잠시 생각에 잠깁니다.

"잘 들어봐! 아주 옛날에 호랑이 담배 피우던 시절에 선생님한테 이런 일이 있었어."

바닷가로 야외 학습을 간 날, 날씨가 유난히 덥고 습했습니다. 점심시간, 김밥을 좋아하는 지훈이가 그날은 김밥 대신 주먹밥을 싸 왔습니다. 그걸 본 희영이가 자기 김밥을 듬뿍 덜어서 지훈이에게 나눠줍니다. 김밥을 먹던 지훈이가 갑자기 '웩' 하며 입에 있는 음식을 손에다 뱉어냅니다.

"선생님, 김밥에서 이상한 맛이 나요."

지훈이 말에 희영이 김밥을 다시 맛보다 저 역시 음식을 뱉어냈습니다. 희영이의 남은 김밥을 쓰레기통에 버리고 내가 싸온 김밥을 희영이 도시락에 담아 줍니다. 그 행동이 아이한테 작은 상처가 됐다는 걸 그때는 몰랐습니다.

“선생님, 오늘 희영이 점심을 챙겨주셨다면서요? 감사해요!”

“아니에요. 처음 맛본 김밥은 괜찮아서 먹였는데 두 줄 중에 한 줄이 상했나 봐요.”

“선생님, 이런 말씀 드려도 될지….”

희영 어머니께서 말을 할 듯 말 듯 머뭇거립니다.

“어머니, 무슨 문제라도 있나요? 괜찮으니 편하게 말씀하세요.”

“희영이가 집에 와서 저한테 화를 내면서 많이 울었어요. 선생님이 자기 김밥을 쓰레기통에 버렸다고요. 친구들 앞에서 부끄러웠나 봐요. 선생님이 희영이 배 아플까 봐 버렸다고 해도 듣지도 않고 우네요. 내일 유치원에 가면 이야기 좀 해주세요. 제가 김밥 쌀 때 좀 더 신경을 썼어야 하는데…. 번거롭게 해드려서 죄송해요.”

하늘의 작은 구름 하나에도 동화 속 주인공들 이름을 붙여주는 감성이 풍부한 희영이가 무심결에 한 저의 작은 행동에 상처를 받은 것입니다.

솔직히 말하면 매번 소풍만 갔다 오면 탈이 나니 삼키지 않고 뱉으려고 비닐을 준비해 간 적도 있습니다. 그런데 막상 그 시간이 되면 똘망똘망한 눈으로 선생님의 반응을 주시하는 아이들이 선생님의 행동을 눈치채고 상처받을까 봐 그렇게 하지 못합니다. 자기 음식을 맛보고 뱉는 선생님을 보면 아이들이 속상할까 봐 차라리 소화제를 먹는 게 더 낫다고 생각했습니다.

생각 노트

현장 체험 학습은 교실에서 쉽게 경험할 수 없는 풍부한 경험을 아이들에게 제공합니다. 아이들은 야외에 나간다는 사실만으로도 마음이 들뜹니다. 선생님은 만약의 상황에 대비해 철저한 준비를 합니다. 하지만 아무리 준비해도 야외에서는 조그만 부주의도 쉽게 사고로 이어집니다. 이것을 예방하기 위해 야외 학습 때 선생님은 귀가할 때까지 긴장감을 유지해야 합니다.

현장 학습을 다녀오면 제일 많이 듣는 말이 "아이들과 같이 놀아서 좋겠어요"입니다. 맞습니다. 선생님들도 그 시간이 참 즐겁고 좋습니다. 하지만 그런 말이 가끔은 선생님의 열정과 열심을 깎아내리고, 선생님의 일을 사소한 것이라 여기는 것 같아 속상할 때가 있습니다. 그 시간에 선생님은 노는 게 아니라 극도의 긴장감을 유지하며 아이들의 안전을 위해 책임감을 가지고 일합니다. 그래서 아주 가끔은 "선생님은 아이들하고 노니까 좋겠어요" 대신 "오늘 개구쟁이들 돌보느라 애쓰셨어요", "선생님은 아이들하고 있는 모습이 참 잘 어울려요"라는 말이 더 큰 힘과 격려가 됩니다.

7

깨진 관계를 회복시키는 첫걸음

작은 퍼즐 조각들이 하나 둘 모여 전체 그림을 드러내듯, 나의 감정과 너의 감정이 차곡차곡 쌓이면 우리가 어떤 관계인지 알게 됩니다. 추상적인 단어인 '관계'는 서로의 감정을 통해 구체적인 모습을 드러냅니다. 만약 우리에게 깨진 관계가 있다면 이를 회복하기 위해 첫 번째 해야 할 일은 무엇일까요?

찬바람이 창문을 유난히 세게 노크하던 10월의 마지막 주 목요일입니다.

저녁 8시부터 핸드폰 벨 소리와 메시지 알림 소리가 번갈아서 계속 울립니다. 음성 메시지를 하나 들어봅니다. 술에 취한 윤지 아버지의 목소리인듯한데 도통 무슨 내용인지 알 수가 없어 윤지 어머니께 여러 번 전화해 봤지만 받지 않았습니다. 한참 뒤 어머니께 전화가 다시 왔습니다.

"죄송해요. 윤지 아빠가 술이 좀 취해서 윤지 말을 오해했는지 선생님께 드릴 말씀이 있다고 전화를 드린 것 같네요. 윤지 아빠한테 또 전화가 오면 받지 마세요."

그사이 윤지 아버지로부터 수십 통의 전화와 메시지가 계속 옵니다. 밤 11시가 넘어도 멈추지 않습니다. 밤늦은 전화에 겁이 났는지 딸은 얼른 전화를 받아보라며 재촉합니다.

"선생님! 내 전화 왜 안 받아요? 하도 안 받길래 윤지 엄마 전화기로 윤지 담임 선생한테 전화했어요. 지금 담임 선생하고 같이 우리 집에 안 오면 내일 유치원 찾아가서 박살 낼 겁니다. 우리 애가 말 못한다고 때린 거 가만 안 둘 겁니다. 당장 와서 무릎 꿇고 우리 애한테 사과하세요. 안 그러면 원장 선생님이나 담임 선생님 애도 가만두지 않을 겁니다."

전화 내용은 대부분 이런 내용이었습니다. 한참을 고민 후 윤지 어머니께 전화를 하니 수화기 너머로 집안이 시끄럽습니다.

"윤지 아빠가 출장에서 오늘 돌아왔어요. 오랜만에 아빠를 만난 윤지가 달려가서 안겼는데 아빠가 유치원에서 재미있었냐고 묻자, 윤지가 아빠 등을 툭툭 치면서 '선생님 때찌때찌'라고 했어요. 그런데 아빠가 그 말을 듣고 선생님이 윤지를 때렸다고 생각하고 화가 나서 저래요."

그날 낮잠 시간이었습니다. 감기 때문에 컨디션이 안 좋은 윤지가 잠을 못 자고 찡얼거리기만 했습니다. 윤지 어머니께 전화를 해서 물어보니 등을 긁어주고 토닥여주면 잘 잔다고 합니다. 담임 선생님은 윤지를 안고 교실을 왔다 갔다 하면서 낮잠 시간 내내 토닥이며 재웠습니다. 이런 상황을 모르고 윤지 아버지는 화를 내시며 협박 전화를 하신 것입니다.

4년 동안 윤지의 오빠 윤호를 교육했지만 이런 일은 처음입니다. 오빠인 윤호는 말도 잘하고 학습도 빠른 편이어서 윤지 아버지의 자랑입니다. 반면 12월생인 4살 윤지는 같은 반 친구들보다 개월 수가 많이 늦고, '엄마, 아빠' 외에 아직 다른 말을 못해 윤지 아버지는 내심 조바심을 내던 중이었습니다.

아무리 술에 취해도 한밤중에 이런 요란을 피우니 대책이 없었습니다. 그리고 '이런 상황을 마무리 하기 위해 한밤중에 찾아간들 무슨 해결책이 있을까?'라는 생각에 마음은 불편하지만, 일부러 전화기를 멀리 던져 놨습니다. 마음을 가다듬고 잠을 청하려는데, 딸아이 방에서 '꺽꺽'거리는 소리가 들립니다. 메시지와 전화 내용을 들은 딸이 무서움에 이불을 뒤집어쓰고 숨죽여 울고 있었습니다. 울음소리가 새어나가면 엄마가 걱정할까 봐 이불을 꽉 깨물고 두 손으로 입을 막고 있었지만, 이미 온 얼굴은 눈물로 범벅이 되어 있습니다.

"엄마는 잘못한 게 없는데 왜 매번 학부모님들한테 죄송하다고 하는 거야? 오늘도 아무 잘못 없는 엄마한테 화풀이하는 거잖아. 엄마 유치원 안 했으면 좋겠어요."

딸아이의 말에 당황스럽기보다는 순간 부끄러움이 몰려왔습니다. 그리고 화도 납니다. 아이의 말대로 '잘못한 것도 없는데 이런 일을 당하는 게 억울하기도 하고, 그렇다면 못 만날 이유도 없지'라는 오기도 생깁니다. 하지만 술 취한 윤지 아버지를 지금 만나면 무슨 말을 해야 할지 모르겠습니다. 심란한 마음으로 고심하는 중에 윤지 담임 선생님에게서 전화가 옵니다. 선생님은 조금 전에 윤지 아버지가 갖은 욕설과 협박을 하면서 당장 오라고 하니, 지금 나가서 할 말을 해야겠다고 합니다. 그사이에도 협박 메시지는 계속 오고 있습니다. 앞에 펼쳐진 상황을 보면서 지금 당장 뭘 할 수 있을까? 전화기만 만지작거립니다.

남편은 마음을 진정시켜주려는 듯 제 손을 꼭 잡습니다.

"여보, 당신이 하고 싶은 대로 해. 내가 있잖아."

남편이 용기를 북돋워줍니다. 남편의 말에 마음을 가다듬고 윤지 담임 선생님한테 전화를 했습니다.

"선생님, 내가 만나보고 올 테니 기다려요. 우리 딸도 무서워서 우는데, 선생님 딸은 더 어리니 엄마가 이 밤에 나가면 얼마나 무섭겠어요. 지금 가도 문제 해결이 안 되겠지만 일단 갔다 올 테니 집에 계세요. 지금부터는 윤지 아버지 전화 받지 마세요."

막상 집을 나섰지만 깜깜한 밤 때문인지 마음이 무겁고 겁도 좀 납니다. '차를 돌리자고 할까?' 마음이 흔들리지만 그건 내면의 갈등일 뿐, 입 밖으로 내지는 못합니다. 텅 빈 밤거리는 제 불안한 마음도 모르고 20분 거리에 있는 윤지네 아파트까지 신호 한번 걸리지 않고 우리를 순식간에 데려다줍니다. 아파트 단지 앞에서 도착했다는 전화를 합니다. 윤지 아버지는 금방 나와서 소리를 지를 듯한 기세더니 30분 정도 지나서야 비틀거리며 나옵니다.

남편과 함께 다가가 인사를 합니다. 인사불성인 윤지 아버지는 인사를 받는 대신 남편을 향해 삿대질과 욕설을 퍼부으며 무릎을 꿇으라고 합니다. 그 순간 참 많은 생각이 오고 갑니다. 4년 동안 쌓아온 관계가 아무것도 아니었나? 한 번쯤 아이가 한 말의 진위를 물어볼 수도 있었을 텐데. 우리가 그런 사람이 아니라는 걸 잘 알고 있으면서 어떻게 이렇게 멸시를 주고 함부로 대하는 거지? 이런 게 학부모와 선생님의 관계인가?

자존심이 상한 저는 집으로 돌아가고 싶다는 생각에 남편 팔을 잡아당깁니다. 남편은 그저 괜찮다는 말을 반복하더니 갑자기 한쪽 무릎을 꿇습니다. 그 모습을 보고 정신이 번쩍 들었습니다. 우리가 여기에 온 것은 잘못이 있어 사과하러 온 것이 아닙니다. 오늘 밤 이 분란을 막지 않으면 여러 사람이 괴롭고 내일이 힘들어질 것 같아서 온 것입니다. 저는 서둘러 남편을 일으키며 담담하게 이야기했습니다.

"윤지 아버님은 평소 같으면 이런 일로 화낼 분이 아니에요. 며칠 전에 중요한 일로 출장을 가신다고 하셨는데 약주를 많이 드신 걸 보니 속상한 일이 많으셨나봐요. 우리는 잘못한 것이 없어요. 그러니 당신이 무릎을 꿇을 일도 아니에요. 당신은 차에 가서 기다려요. 이건 유치원 일이잖아요. 내가 가서 이야기할 테니 걱정 말아요. 위험하다 싶으면 내가 뛰어갈게요."

남편과 이야기하는 사이 윤지 아버지는 윤지 담임 선생님이 같이 오지 않았다고 고래고래 소리를 지릅니다. 삿대질을 하다가 발로 바닥을 쾅쾅 차기도 하고, 무엇을 향한 분노인지, 누구에게 하는 말인지 모를 욕을 쏟아냅니다. 그런 윤지 아버지의 모습을 보며 무섭다기보다 가엽다는 생각이 들었습니다. 아마 예전부터 오랜 시간 따뜻하게 대해주셨던 분이기에 그렇게 추운 길바닥에서 한 시간 이상 벌을 서면서도 측은한 마음이 먼저 들었던 것 같습니다. 상황은 힘들었지만, 마음은 생각만큼 힘들지 않았습니다. 그렇게 그 밤은 흘러갔습니다.

마음의 상처는 엉뚱한 곳에서 났습니다. 다음 날 아침 윤지 어머니께 전화가 왔습니다.

"원장 선생님, 윤지 오늘 조금 늦어요."

멋쩍은 목소리로 용건만 말하고는 급하게 전화를 끊으려고 합니다.

"어머니, 아버님은 괜찮으세요?"

황급한 목소리로 윤지 아버지의 안부를 물어봅니다.

"네, 어제 원장 선생님 만나뵙고 와서는 기분이 좋아졌네요. 윤지 아빠도 선생님이 때리지 않은 거 알고 있어요. 낮잠 시간에 토닥이는 행동을 오해한 것이라고 잘 이야기했어요."

전화를 끊고 나자 기분이 찜찜합니다. '윤지 어머니는 최소한 어제 일에 대해 사과는 한마디 해야 하는 건 아닌가' 하는 마음이 들었습니다.

10시가 넘어서 윤지를 데리고 오신 윤지 아버지는 어제 일이 무안하셨는지 얼굴을 똑바로 바라보지 못합니다. 아무 일도 없었다는 듯 평소처럼 "선생님, 오늘도 수고하세요."라며 꾸벅 인사를 하고는 빠른 걸음으로 유치원을 벗어납니다.

윤지 아버지의 인사는 너무 슬프게 들렸습니다. "오늘도 수고하세요." 대신 "어제 죄송했습니다." 이 말을 먼저 해야 하는 거 아닌가? '사과 한마디면 되는데'라는 생각이 머리에서 마음으로 치고 들어옵니다.

그 사건 이후에도 윤지 부모님은 늘 웃으면서 아이를 등원시키고, 선생님들에게도 친절했습니다. 겉모습은 변한 것이 전혀 없는 관계였지만 저는 자꾸 윤지 부모님의 미소 뒤로 그 사건이 떠오릅니다. 상처 위에 버티고 있는 서운함의 딱지는 꽤 오랫동안 떨어지지 않았습니다.

생각 노트

부모는 늘 궁금합니다. 아이가 유치원에서 어떻게 지내는지, 혼자 놀지는 않는지, 밥은 잘 먹는지 노심초사입니다. 하루의 일과가 궁금해 아이들에게 물어보면 명쾌한 대답을 들을 수 없습니다. 그래서 누구나 이런저런 물음표 하나쯤은 품고 지냅니다. 그러다 어느 날, 부모가 염려한 지점과 아이의 특정한 말이 맞닿으면 부모의 마음에는 의심의 씨앗이 심기게 됩니다. 의심은 불신의 싹을 틔우고, 불신의 싹은 그동안 교사가 아이를 어떻게 대했는지 그 사랑까지 잊어버리게 만들면서 교사와 부모 사이에 갈등을 촉발시킵니다.

통제되지 않는 말과 행동은 일방적인 주장으로 관계를 망치며 많은 오해를 남깁니다. 시간이 지나 부모와 교사 사이에 오해가 풀리더라도 '선생님은 당연히 이해하실 거야'라는 생각으로 사과하지 않는 경우가 종종 있습니다. 당연한 이해는 없습니다. 관계를 회복시키기 위해 제일 먼저 해야 하는 태도는 바로 '사과'입니다. 사과가 전제되지 않은 관계 회복은 모래 위에 쌓은 집과 같습니다.

8 소황제(小皇帝)를 다루는 법

중국은 한 자녀 낳기 운동으로 수많은 소황제(小皇帝)를 탄생시켰습니다. 한국은 출생율 저하와 교육경쟁 과열로 소황제가 등장했습니다. 자기 마음대로 놀고, 원하던 대로 행동했던 소황제들이 유치원에 와서 제일 힘들어하는 것은 무엇일까요?

(에피소드 1) 좋아하는 것과 위험한 것

"선생님, 우리 애가 높은 곳에 올라가는 걸 좋아해요."

두 살 터울의 오빠가 있는 다섯 살 시현이가 유치원에 왔습니다. 저는 높은 곳이라고 해봐야 소파 위 아니면 식탁이나 책상 위라고 생각했습니다.

"어제도 피아노 위에서 뛰어내리다가 왼쪽 발목이 살짝 꺾였어요. 울지도 않고 또다시 올라가서 몇 번이나 반복했는지 몰라요. 시현이는 높은 곳에 올라가는 걸 너무 좋아해서 걱정이에요. 혹시 유치원에서 그런 행동을 하더라도 '하지 마!', '안돼!'라는 부정적인 말은 안 했으면 좋겠어요. 그냥 다치지 않게만 잘 봐주세요."

시현이 어머니와 이야기를 나누는 동안에도 시현이는 눈 깜짝할 사이에 피아노 의자를 밟고 올라가고 있습니다. 같이 있던 오빠가 "엄마!"를 부르며 뛰어갑니다. 많이 해본 듯 능숙한 솜씨로 피아노 의자 위로 올라가더니 동생 발목을 잡습니다. 시현이 어머니는 그사이 아이를 번쩍 안아 바닥에 내려놓습니다. 모든 것이 순식간에 이루어졌고, 그 자리에서 놀라는 건 저 하나뿐이었습니다.

시현이 어머니는 이런 저의 놀란 마음은 아랑곳없이 시현이가 올라갔던 여러 곳을 이야기해 주며 깔깔거리며 웃습니다. 시현이 어머니가 들려주는 시현이의 위험천만한 사건 사고는 마음을 점점 더 무겁게 만듭니다.

유치원은 개인의 공간이 아닙니다. 원생의 작은 행동이 다른 아이를 위험에 빠뜨릴 수도 있기 때문입니다. 너도나도 피아노 위에 올라가고 아이들이 날다람쥐처럼 뛰어내리는 모습은 상상만으로도 머리털이 곤두섭니다.

저는 아이에게 스트레스를 줄 수도 있는 '하지 마!', '안 돼!'라는 말보다 더 빨리 위험을 인식시키고 행동을 통제할 방법이 없을까 고민했습니다.

유치원에서는 아침마다 30분간 4~7세들이 모두 모여 함께 노래하고 동화를 듣고 고사성어를 배우는 '전체 모임 시간'이 있습니다. 이 시간을 활용해 보기로 했습니다.

4~7세 아이들은 팀을 나눠서 선생님들과 함께 유치원 구석구석 높은 곳이 어딘지, 뛰어내리면 어떤 일이 발생할지 이야기를 나누어봅니다. 그리고 '위험해요'를 넣어서 다 함께 문장을 만듭니다.

피아노 위에 올라가면 위험해요.

창틀에 올라가면 위험해요.

책상 위에 올라가면 위험해요.

의자 위에 올라가면 위험해요.

이런 활동을 한 뒤에도 시현이는 틈만 나면 어딘가에 올라가려고 합니다. 그때마다 친구들이 "위험해! 선생님, 시현이 올라가요."라고 알려줍니다. 그 소리에 멈칫한 시현이는 반달눈에 애교를 듬뿍 담아 선생님을 쳐다봅니다. 시현이의 행동이 짧은 시간에 바뀌지는 않았습니다. 하지만 친구들은 높은 곳에 올라가서 뛰어내리는 행동은 재미있는 게 아니라 위험한 행동이라는 것을 알게 되어 시현이의 행동을 따라 하지는 않습니다. 아이들은 위험한 장소와 이유를 인지하므로 예방이 처방보다 강함을 서로에게 보여주었습니다.

에피소드 2 벽 보고 생각하기

회의를 마치고 기분 좋게 퇴근 준비를 하는데 마치 기다렸다는 듯 전화벨이 요란스럽게 울립니다.

"선생님, 안녕하세요? 주원이가 오늘 유치원에서 친구들과 못 놀고 혼자 벽을 보고 있었다고 하는데 그게 무슨 말이에요? 그거 아동학대 아닌가요?"

칼날처럼 날카로운 주원이 어머니의 목소리와 아동학대라는 말에 저도 모르게 의자에서 일어났습니다. 관찰 일기장을 펴 오늘 하루 주원이가 한 일을 읽어보지만, 상황이 빨리 떠오르지 않습니다.

"벽을 보고 서 있게 하는 건 진짜 아동학대 같아요."

다시 한번 강조하는 주원이 어머니의 목소리에 상황을 설명하기 위해 천천히 수첩에 적힌 글자를 그대로 읽어줍니다. 하지만 우물우물 입안에서만 맴돌 뿐 얼른 말이 밖으로 나오지 않습니다. 무슨 말을 해야 할지 잘 모르겠습니다.

전화기 너머로 "엄마, 왜 선생님한테 전화했어? 끊어! 빨리 끊어!" 주원이의 애타는 목소리가 들립니다. 엄마는 주원이에게 조용히 하라며 윽박지릅니다.

"선생님, 조금 있다가 다시 전화할게요."

뚜뚜뚜 끊어진 전화 소리를 들으니 안도감에 막혔던 말들이 돌아오는 것 같습니다.

주원이 어머님이 말씀하신 사건은 이렇습니다.

종이접기 시간, 종이배를 2개 접어서 하나는 그림을 그리고, 하나는 물에 둥둥 띄워보기로 했습니다. 각자 원하는 색종이를 2장씩 골라 선생님의 설명에 따라 종이배를 접습니다. 그런데 평소 호기심이 많은 주원이가 뒤에 있는 교구장에서 가위를 꺼내 파란 색종이를 잘랐습니다. 두 번째 배를 접기 전, 잘게 잘라진 자기 색종이를 슬쩍 옆자리에 앉은 민서 쪽으로 밀어버립니다. 그리고 민서 몰래 파란 색종이를 가져갑니다. 잘려있는 색종이를 발견한 민서는 화가 나서 소리를 지릅니다. 저는 화난 민서를 달래고 주원이에게 뒤에 있는 '생각하는 의자'에 앉아서 민서가 왜 화가 났는지 곰곰이 생각해 보라고 했습니다.

종이배를 띄우기 위해 큰 대야를 가져와 화장실 세면기에 호스를 연결해 물을 받기 시작합니다. 대야에 물이 반쯤 채워졌을 때 "선생님! 선생님!" 예진이의 급한 목소리가 들립니다. 보조 선생님께 호스를 넘기고 예진이에게 가 봅니다.

"선생님~ '생각하는 의자'에 앉아서 웃고 있는 건 생각하는 거 아니죠? 노는 거죠?" 예진이가 교실 뒤에 있는 주원이를 가리키며 말합니다. 주원이가 의자 위에 올라서서 장난을 치며 놀고 있습니다. 저와 눈이 마주치자 후다닥 내려와 다시 반듯하게 앉습니다.

"맞아요. 주원이는 잘못해서 혼나는 거잖아요. 아까부터 우리를 쳐다보면서 웃고 있었어요. 웃는 건 같이 노는 거잖아요."

효준이도 맞장구를 칩니다. 생각지도 못한 친구들의 반응에 주원이는 얼굴에 가득 퍼져있던 장난기를 거두고 눈치를 살피다가 의자 위에 올라가 무릎을 꿇고는 등받이에 머리를 박습니다. 저는 혹시 다칠까 봐 가까이 다가가서 의자를 잡습니다. 잠시 그 상태로 놔두고 아이들을 쳐다봅니다.

'웃는 것은 즐겁고 재미있는 것이다. 생각하는 의자는 벌을 받는 곳이다. 벌은 재미없는 것이다. 우리와 함께 웃고 있다는 것은 벌을 받는 것이 아니다.' 아이들 생각에 웃는 모습은 벌 받는 것이 아닙니다.

"선생님, 벽 보고 생각하라고 하면 어때요?"

"벽?"

"네. 벽에는 아무것도 없어서 놀지 못하잖아요. 얼마나 심심하겠어요."

"맞아요. 고개 돌리지 말고 생각하는 의자에 앉아서 벽만 보라고 하세요. 진짜 심심할걸요."

아이들의 말을 듣고 곰곰이 생각해 봅니다. 아이들이 하는 대부분의 행동은 그 순간 자신의 '재미'를 위해서입니다. 생각하는 의자에 앉아서 반성하지 못하는 이유도 '나는 재미있었는데,

이게 왜 벌이지?'라고 생각하기 때문입니다. 그렇다면 '재미'의 반대는 '심심함'. 아이들에게 가장 적합한 벌은 바로 '심심함'이었습니다.

그렇게 우리는 '생각하는 의자' 대신 '벽 보고 생각하기'라는 새로운 규칙을 정했습니다. 부모님들이 오해할 수도 있을 것 같아 알림장에 이 모든 이야기를 적어놨습니다. 저는 주원이 어머니가 말씀하신 아동학대라는 말이 마음에 걸렸습니다. 컴퓨터 검색창에 '아동학대'를 적어봅니다. 아동학대로 신고당한 별별 사례들을 보니 다리가 조금 후들거립니다. 요동치는 심장을 멈추게 하는 전화벨 소리가 요란스럽게 울립니다.

"선생님~"

아까와는 완전히 다른, 상냥하고 조용조용한 목소리의 주원이 어머니입니다.

"알림장을 읽지 않고 전화했네요. 어휴, 애가 장난이 심해 민서한테도 미안하고 친구들 보기에도 부끄럽네요."

"이해되셨다니 다행입니다. 혹시 오해하실 것 같아서 전체 안내문도 나갔으니 꼭 읽어보세요."

생각 노트

어린 아이의 눈으로 세상을 바라보면 세상은 온통 '재미 천국'입니다. '재미'는 아이들이 발을 내딛고 손을 내미는 모든 활동의 원동력입니다. 하지만 규칙 없이 개인의 재미만 난무하면 그건 자유가 아니라 방임이 됩니다. 유치원에서는 아이들의 나이와 성장 발달에 맞는 활동 범위를 설정합니다. 이것을 '울타리'라고 표현합니다. 울타리는 규칙입니다. 울타리가 만들어지면 그 속에서 아이들은 공동체의 질서를 해하지 않고 안전하게 자기 즐거움을 누리게 됩니다.

아이가 자기의 모습을 잃지 않고 안전하고 즐겁게 유치원 생활을 하기 원하는 부모라면, 유치원에 보내기 전 규칙의 중요성을 꼭 가르쳐야 합니다.

잘못을 아는 것과 인정하는 것의 차이

아이는 어른과 달리 결과를 예측하고 행동하지는 않습니다. 하지만 아무리 어려도 자신이 한 행동의 결과에는 책임이 따릅니다. 아이의 책임감은 어떻게 길러질까요?

바깥 놀이 시간, 놀이터 미끄럼틀 앞에는 아이들이 길게 줄을 서 있습니다. 저는 미끄럼틀 계단 앞에 서서 아이들이 올라가도록 돕습니다. 아이들은 발을 동동 구르며 빨리 올라가라고 재촉합니다. 하지만 누구 하나 새치기하거나 거꾸로 타는 친구는 없습니다.

'악!' 반대편에서 외마디 소리가 납니다. 달려가 보니 민호가 미끄럼틀을 타고 내려오다 앞으로 고꾸라졌습니다. 민호 뒤에서 기다리던 성훈이가 민호를 밀어버린 겁니다. 다행히 미끄럼틀 앞에 있던 보조 선생님의 도움으로 다치지는 않았습니다. 놀란 민호는 저를 보자 엉엉 울기 시작합니다. 성훈이도 예상치 못한 상황에 놀라 얼굴이 빨갛게 달아올라 미끄럼틀 위에서 안절부절못하고 주위를 두리번거리며 눈치만 살핍니다.

하지만 그것도 잠시, 성훈이는 "안 내려가잖아요! 빨리 내려가라고 살살 밀었는데 구른 거에요."라며 울고 있는 민호를 가리키며 소리를 지릅니다.

"성훈이 내려오세요."

저는 손짓으로 성훈이에게 내려오라고 합니다. 미끄럼틀 아래로 내려오면 혼이 날것이라 생각했는지 성훈이는 내려오지 않겠다고 떼를 쓰다가 그 자리에 주저앉습니다. 저는 성큼성큼 계단을 올라가 덩치가 큰 성훈이를 두 팔로 번쩍 안았습니다. 성훈이가 발버둥을 치기 시작하는 바람에 무게중심을 잃고 그만 발을 삐끗해 미끄럼틀 계단에 주저앉았습니다.

"내가 빨리 내려가라고 했는데 민호가 안 내려가잖아요. 진짜 살살 밀었어요."

소리를 지르는 성훈이를 잠시 쉬게 합니다. 그사이 민호도 울음을 그쳤습니다. 아이들이 어느 정도 진정이 되자, 어떤 상황이었는지 자세히 물어봅니다.

"성훈아, 미끄럼틀 위에서 친구를 밀었던 행동은 친구를 위험에 빠뜨리는 행동이야. 오늘 민호가 크게 다칠 뻔했지? 미안하다고 사과해야지."

"네."

"'민호야 밀어서 미안해!'라고 해야지."

"네."

몇 번을 말해도 성훈이는 "네."라는 말과 함께 고개만 끄덕일 뿐 사과를 하지 않습니다.

"선생님, 성훈이는 왜 미안하다고 안 해요?"

민호가 답답한지 묻습니다.

"성훈아, 선생님 따라 해 봐, '민호야 미안해.'"

하지만 성훈이는 역시 "네."라는 말만 하고는 "선생님, 나 이제 놀아도 돼요?"라고 묻습니다. 저는 끝내 사과하지 않는 성훈이를 보면서 속상하고 마음이 불편했습니다.

오후에 성훈이를 데리러 온 어머니께 잠깐 이야기를 나누자고 했습니다.

"어머, 선생님, 우리 성훈이는 지금까지 '미안해, 죄송합니다'라는 말을 해 본 적이 없어요."

"네? 그럼 집에서 아이가 잘못할 때 어떻게 하나요?"

"잘못한 것이 뭔지 말해 주고 이해했는지 물어봐요. 성훈이가 '네'라고 대답하면 그걸로 끝이에요. 선생님도 그러셨잖아요. 성훈이는 이해력이 좋다고."

"자기가 잘못한 것을 사과하는 것과 상황을 이해하는 건 다른 겁니다."

"아니요. 다르지 않다고 생각해요. 다섯 살 때, 놀이터에서 친구가 장난감을 안 빌려준다고 성훈이가 친구 얼굴에 모래를 뿌렸어요. 친구한테 사과하라고 했더니 울기 시작하는 거예요. 한 시간 이상 울어서 제가 달래느라 진이 다 빠졌어요. 결국 사과를 못하고, 우는 애를 업고 집으로 와서 어머님께 이야기했어요. 그런데 어머님이 알아들었다는 건 자기 잘못을 아는 거라며, 애 기죽이니 억지로 사과시키지 말라고 하시며 오히려 저를 나무라셨어요. 처음에는 저도 잘못했으면 사과해야 한다고 생각했어요. 그런데 어머님 말씀을 듣고 생각해 보니, 친구가 장난감을 안 빌려줘서 얼마나 속상했으면 모래를 던졌겠어요. 그런 애한테 억지로 사과까지 시키면 애 자존심이 상하잖아요. 그다음부터는 잘못했을 때 이해했다고 하면 끝냈어요. 그게 우리 집의 사과 방식이에요."

"민호도 그걸 사과라고 생각할까요?"

"그럼요. 애들은 다 똑같아요. 요즘 애들은 '미안하다'는 말 안 해요. 괜히 그런 말로 애들 기죽일 필요는 없잖아요."

저는 성훈이가 사과를 하지 않는다고 속상해하는 민호의 얼굴을 떠올립니다. '속상한 건 속상한 거고, 잘못은 잘못이지. 잘못한 건 사과해야지.' 괜한 변명 같아서 짜증이 납니다. 그래서 그만 며칠 전 일을 꺼내버립니다.

"어머니, 지난번 세희와 있었던 일 기억나시죠? 세희가 성훈이 색연필을 빌려 가서 부러뜨렸잖아요."

"네, 기억나요. 그게 왜요?"

"그때 세희가 미안하다고 했는데도, 어머니께서는 성훈이가 아끼는 색연필이라고 친구들 앞에서 다시 사과하고 색연필도 사달라고 하셨잖아요."

한번 올라온 심통은 멈출 생각을 안 합니다. 일그러진 성훈이 어머니의 표정도 무시하고 옆에 있는 성훈이 가방에서 알림장을 꺼냅니다. 뒤적뒤적 세희와 사건이 있었던 날을 찾아 펼칩니다.

"어머니! 이것 보세요." 성훈 어머니께 확인해 보라고 보여줍니다.

"선생님, 성훈이가 집에 와서 세희가 친구들 앞에서 사과 안 했다고 울고불고 난리를 쳤어요. 당장 색연필도 다시 사달라고 해서 알림장에 그렇게 적은 거죠."

"민호도 성훈이가 사과를 안 한다고 계속 속상해하다가 집에 갔어요. 지금쯤 엄마한테 울면서 이야기할 것 같아요. 아이들 마음은 다 똑같습니다."

부드러운 표정과 달리 상대를 밀어붙이는 제 목소리는 힘이 잔뜩 들어가 있습니다.

민호가 엄마에게 이야기할 것 같다는 말에 성훈이 어머니의 눈썹이 움찔 위로 올라가더니 고개를 살짝 돌립니다. 순간 그 모습을 포착한 저는 잠시 성훈이 어머니와의 대화를 복기해 봤습니다. 잘못한 행동이라는 것을 알고 이해하는 것과 자신이 한 행동이 잘못한 상황일 때 구체적인 말로 사과하는 것은 다릅니다. 유치원에서는 친구를 불편하게 하거나, 함께 정한 규칙을 어겼을 때 인정하고 사과하는 것을 가르칩니다. 저는 지금, 자신도 용기를 내야 하는 시간임을 본능적으로 느낍니다. 막상 말을 하려니 조금 떨립니다. 일단 목소리에 힘을 빼고 조심스럽게 말을 꺼냅니다.

"생각해 보면 성훈이 마음도 이해돼요. 어머니, 부탁 하나 해도 될까요?

"네. 선생님, 얼마든지요."

대답과 달리 표정은 썩 달갑지 않았습니다.

"성훈이는 이해력이 좋잖아요. 아까 제가 충분히 설명해서 자기가 뭘 잘못했는지 이해한 것 같아요. 어머니께서 잘못한 건 정확하게 말로 사과해야 한다는 걸 이야기해 주세요. 성훈이는 똑똑한 아이니까 어머니께서 사과할 줄 아는 친구가 용기 있는 친구라는 걸 알려주면 내일 민호한테 사과할 것 같은데요. 혹시 민호 어머니한테서 전화가 오면 성훈이가 내일 사과할 거라고 말씀드릴게요."

성훈 어머니는 민호 어머니와의 관계가 불편해지는 것이 싫어서인지 마지못해 고개를 끄덕입니다.

다음 날 아침, "선생님! 성훈이가 민호한테 사과하고 싶다고 하네요. 처음으로 사과하는 거라 제대로 못할 수도 있으니 선생님이 도와주세요."라는 메시지를 보내왔습니다. 이렇게 성훈이는 잘못을 인정하고 사과하기 위해 첫 발걸음을 뗐습니다.

생각 노트

책임감은 글과 말이 아닌 상황 속에서 책임질 기회를 부여받아 스스로 문제를 해결해 나가면서 생기게 됩니다. 하지만 무한 경쟁 시대 속에서 살아가는 아이들은 빨리 성장하길 원하고 빨리 성장하도록 강요받습니다. 이런 환경에서는 문제를 극복하는 방법도, 책임을 지는 방법에 대해서도 생각해 볼 시간이 없습니다.

아이는 부모의 행동과 말의 의도를 누구보다 빨리 파악합니다. '아이 기를 죽인다', '자존심이 상한다'는 말로 부모가 자신의 일에 개입했다는 것을 알게 되는 순간, 아이는 더 이상 그 일에 관심을 가지지 않고 뒤로 물러섭니다. 그렇게 되면 결국 아이 문제는 부모의 문제로 넘어옵니다. 이것은 아이에게 책임감을 배울 기회를 빼앗는 것입니다. 자신의 일에 책임질 기회를 빼앗긴 아이는 난관을 회피하고 자존감이 낮은 아이로 자랍니다. 책임을 질 기회가 없으면 책임감이 생길 수 없습니다. 현명한 부모는 내 아이에게 주어진 기회를 절대로 뺏지 않습니다.

10

유치원 교사에 대한 인식의 차이

'전문직'의 사전적 의미는 전문적인 지식이나 기술 등이 필요한 직업입니다. 교육은 전문적인 지식이 필요한 영역입니다. 하지만 사전적 의미는 사회적 통념과 다릅니다. 그렇다면 부모님들은 유치원 선생님을 의사 선생님과 같은 전문직으로 대하고 있을까요?

금요일 저녁 퇴근 후, 선생님들과 간단한 티타임을 하고 있을 때였습니다. 석훈 어머니로부터 전화가 걸려왔습니다.

"원장 선생님, 우리 석훈이 얼굴에 손톱에 할퀸 자국이 있어요."

화를 억누르는 듯한 석훈 어머니의 목소리에 살짝 긴장이 됩니다.

"어머니, 왼쪽 눈썹 옆에 있는 긁힌 자국 말씀 하시는 거죠?"

"네, 방금 샤워시키다가 봤어요. 선생님 손톱에 할퀴었다고 하네요. 상처에 딱지 앉은 것을 보니 아침에 그런 것 같아요."

오늘 아침, 석훈이 왼쪽 눈썹 옆에 손가락 한 마디 길이의 상처가 있었습니다. 어머니께 여쭤보니 세수할 때 어머니 손톱에 할퀸 상처라고 했습니다. 그런데 갑자기 선생님 손톱에 할퀴었다고 합니다.

"어머니~ 아침에 제가 어머니께 석훈이 왼쪽 눈썹 옆 상처를 여쭸을 때 세수하다 긁힌 거라고 하셨잖아요. 방금 어머니가 말씀하신 상처는 다른 것인가요?"

"아니요, 왼쪽 눈썹 옆에는 상처가 하나뿐이에요. (짜증을 내면서) 원장 선생님! 아침에 석훈이 얼굴에 상처 없었는데요. 다른 친구 이야기하는 거 아니에요? 아, 그리고 오늘 석훈이가 놀이터에서 친구 손등을 할퀴어서 상처가 났다고 했어요. 석훈이 손톱이 너무 길어서 깎았다고 하는데, 너무 짧게 깎아서 보기가 싫네요. 우리 석훈이 손톱은 깎지 마세요. 내가 몇 번을 말했는데 짜증 나게…" 한참 이야기하다가 잠시 멈춥니다.

"그리고 담임 선생님이 호진이한테 우리 석훈이 손등을 꼬집어 주라고 했다는데 정말이에요? 어떻게 선생님이 친구들끼리 꼬집으라고 말할 수가 있어요. 그런 사람은 선생 자격도 없어요. 진짜 그 선생 가만 안 둘 거에요."라며 석훈이 어머니는 자신이 하고 싶은 말만 하고 전화를 끊어버립니다. 스피커폰으로 함께 이야기를 듣고 있던 석훈이 담임 선생님은 깜짝 놀라 두 손으로 입을 가립니다.

석훈이 부모님은 가족회사를 운영하면서 아버지가 사장님, 어머니가 이사로 재직합니다. 평소에는 웃는 얼굴로 "석훈이 잘 부탁드려요.", "힘드셨죠, 감사합니다."라고 꼭 인사를 합니다. 하지만 유치원 활동 중에 아이들끼리 작은 문제라도 발생하면 순식간에 태도가 바뀝니다. 선생님을 향해 날카롭게 각을 세워 선생님을 '선생'이라 부르며 회사 직원에게 지시하듯 말을 합니다.

담임 선생님이 손등을 꼬집으라고 시켰다는 사건의 내막은 이렇습니다.

점심 식사 후, 아이들이 미끄럼틀 주위에서 웅성거립니다.

"야! 아프다니깐. 꼬집지 말라고 했잖아! 선생님께 다 이를 거야."

화가 난 호진이가 석훈이를 향해 소리를 지르면서 뛰어옵니다.

"선생님, 이거 봐요. 손에서 피나요! 석훈이가 꼬집었어요."

"내가 그런 거 아니에요."

"네가 줄 안 서고 새치기했잖아. 그래서 내가 새치기하면 선생님께 말한다고 하니까 네가 내 손 꼬집었잖아!"

"선생님께 고자질하는 게 더 나쁜 거야."

"야! 너…"

호진이가 상황을 조목조목 설명하자 석훈이도 지지 않습니다. 담임 선생님은 아무 말 없이 두 아이의 손을 잡습니다. 석훈이 손톱을 보니 알록달록 예쁘게 장식되어 있고 뾰족하게 잘 다듬어진 긴 손톱입니다. 어제 손톱 검사를 할 때 너무 길다고 말했는데도 어머니께서 잘라주지 않았습니다. 호진이 손등을 보니 아직도 피가 조금씩 나고 있습니다. 소독하고 약을 발라주는데 호진이가 분에 못이겨 씩씩대며 말합니다.

"선생님, 저도 석훈이 손등 세게 꼬집어 줄래요. 석훈이는 얼마나 세게 꼬집는데요."

담임 선생님은 호진이 손을 잡고 석훈이에게 보여주며, "석훈아, 석훈이가 호진이 손등을 꼬집었으니 호진이도 석훈이 손등을 꼬집어야 공평하겠지? 호진이가 꼬집고 싶다고 하니 꼬집으라고 할까?"라고 말했습니다. 그러자 석훈이는 고개를 세차게 흔들며, "싫어요! 싫어요!" 소리를 지릅니다.

친구를 꼬집어서 여러 번 상처를 낸 경험이 있는 석훈이에게 담임 선생님은 왜 꼬집으면 안 되는지 단호하게 알려줍니다. 꼬집고 싶다는 호진이 말에 화가 난 석훈이는 선생님 말을 듣지 않고 발을 동동 구르면서 산만하게 고개를 좌우로 흔듭니다. 이 사건을 귀가 시간에 석훈 어머니께 전달했습니다.

유치원에서 일어나는 일들은 아이들 사이의 단순한 문제입니다. 아이의 문제를 당사자인 아이들과 이야기하면 간단명료

한 해결책을 제시할 수 있지만, 부모가 끼어드는 순간 단순했던 문제는 눈 깜짝할 사이 새끼줄처럼 꼬여 복잡한 문제로 바뀝니다. 상황을 어렵게 만드는 것은 대부분 아이를 위한다는 말로 포장된 부모의 자존심입니다. 그런데 이번에는 무엇이 부모의 자존심을 건드렸는지 파악이 안 됩니다. 무엇을 원하는지도 모르겠습니다.

담임 선생님은 직접 석훈이 어머니를 찾아가서 이야기를 나눠보겠다고 합니다. 원장인 나에게도 직원 대하듯 지시하고 명령하는 석훈이 어머니가 선생님을 어떻게 대할지 안 봐도 뻔합니다.

"선생님, 우리가 아무리 매번 죄송하다고 말하는 사람이지만, 뭘 잘못했는지도 모르고 무턱대고 사과할 수는 없잖아요. 다들 그렇게 생각하죠? 우리도 자존심이 있는데. 안 그래요? 일단 맛있는 밥 먹으면서 어떻게 하는 게 좋을지 먼저 생각해 봅시다."

사실 말은 그렇게 했지만, 저 역시 뾰족한 생각이 나지 않습니다. 배달시킨 음식이 도착했습니다. 선생님들은 고개를 푹 숙이고 젓가락으로 음식을 뒤적뒤적하며 먹지 못하고 있습니다. 그런 모습을 보니 안쓰럽고 화가 나서 밥이 넘어가지 않습니다.

"선생님들은 천천히 식사하시고 퇴근하든지 아니면 잠시 유치원에서 쉬고 계세요. 나한테도 그렇게 함부로 하는데 선생님들한테는 더 심한 태도를 보이겠죠. 그런 대접을 받으면서 아이들을 진심으로 대할 수 있겠어요? 저는 못할 것 같습니다. 그러니 이 일은 제가 나서서 해결할 테니 걱정 마시고 쉬고 계세요."

같이 가겠다는 선생님들을 유치원에 남겨두고 저 혼자 석훈이네 집으로 갔습니다. 꼬인 부분이 어딘지 찾지 못해 막막해하는 내 속은 아랑곳 없이 저를 맞이하는 석훈이 어머니의 표정에서는 묵은 감정을 쏟아낸 후의 후련함이 보입니다.

"왜 석훈이 담임 선생은 안 왔어요? 같이 와서 미안하다고 해야죠. 어떻게 감히 선생님이 다른 애한테 우리 석훈이 손을 꼬집으라고 할 수 있어요. 그런 사람이 무슨 선생이라고, 원장 선생님, 그런 선생은 당장 잘라버리세요. 우리 직원이 그랬다면 당장 해고했을 텐데. 와서 무릎 꿇고 사과 안 하면 절대 가만두지 않을 거예요."

"어머니, 선생님이 무슨 잘못을 했는지는 모르지만, 무릎을 꿇으라고 하면 제가 꿇어야죠. 선생님의 잘못은 결국 제 잘못이잖아요."

그 말에 어머니는 비웃는듯한 표정입니다.

"진짜 원장 선생님이 대신 꿇을 수 있겠어요? 석훈아, 원장 선생님이 지금 무릎 꿇고 사과하면 받아줄 거니?"

조롱하는 그 말투는 정말 견디기 힘들었습니다. 하지만 이렇게 넘어간다면 그것도 하나의 해결 방법이라고 생각하니 힘든 기분도 잠시였습니다.

"네, 제가 무릎 꿇고 사과할게요."

'무릎 꿇는 것이 뭐가 그렇게 어렵다고' 석훈 어머니의 눈빛에 밀리지 않기 위해 마음속으로 호기를 한번 부리고 최대한 자연스럽게 무릎을 꿇었습니다.

"원장님! 원장님!"

그 순간 방문이 벌컥 열립니다. 석훈이 아버지가 들어오더니 무릎을 꿇으면서 "죄송합니다."라고 말하며 저를 일으켜 세워 거실로 데리고 나갑니다.

"석훈이 엄마는 나름대로 좋은 학교를 나왔다는 자부심이 강해요. 일하면서도 애들 교육 관련 책도 많이 읽고, 유행하는 교육 정보도 많이 알고 있어요. 주변에 또래 엄마들 사이에 정보통으로 이름날 정도예요. 또 워낙 말을 잘하니까 사람들이 석훈이 엄마보고 선생님보다 낫다는 이야기를 자주 해서 본인도 마치 선생님이라도 된 듯 착각한 모양이에요."

석훈 아버지는 선생님들께 너무 죄송하다고 하면서 이렇게 말씀하셨습니다.

"우리가 먼저 친구 손등을 할퀸 석훈이를 혼냈어야 된다고 생각합니다. 그리고 선생님이 석훈이 손톱이 너무 길다고 하셔서 오늘은 제가 그냥 짧게 잘랐어요. 손톱 밑에는 세균도 많으니 위생상 좋지도 않잖아요. 선생님이 '애들은 힘 조절이 안 돼서 조금만 잘못해도 오늘 같은 일이 생기니 손톱은 꼭 짧게 잘라주세요'라고 한 말이 마치 자기를 가르치는 것으로 생각해 자존심이 상해서 이렇게 난리를 피우게 된 겁니다. 정말 죄송합니다.

제가 대신 사과드립니다."

석훈 아버지는 자초지종을 이야기한 후 죄송하다며 몸 둘 바를 몰라합니다.

생각 노트

교육열이 세계 최상위권인 우리나라에서 유아교육의 중요성은 오래전부터 화두가 되어왔습니다. 그런데 '유아교육이 중요하다'의 다른 뜻은 '유치원 선생님이 중요하다'입니다. 의사가 인체에 대한 이해 없이 전공 분야를 택할 수 없듯 유아에 대한 이해 없이는 유아교육을 담당할 수 없습니다. 의사 선생님은 병을 고쳐 주지만 유치원 선생님은 아이들의 호기심을 자극해 병을 고쳐 주는 의사 선생님으로 성장하게 도와줍니다. 사회 통념은 유치원 교사를 전문직으로 보지 않지만, 유아교육의 중요성을 인식하는 사람은 유치원 교사를 전문직으로 인식합니다.

11

살피면 알게 되고, 알면 이해하는 것들

겉으로만 봐서는 보이지 않는 것들이 있습니다. '대체 저 어머니는 왜 저러실까?'라며 먹구름 낀 시선으로 바라보면 어머니의 말과 행동 뒤에 숨은 마음을 볼 수 없습니다.
두 아이가 다투었습니다. 이후 사건은 잘 해결되었다 싶었는데 뜻하지 않은 어머니의 행동에 선생님은 당혹스럽습니다. 무슨 일일까요? 지금부터 어머니의 마음을 살짝 들여다보시죠.

'우당탕 탕탕!'

천둥이 치듯이 내리치는 소리에 놀라, 아이들은 가지고 놀던 교구들을 그대로 바닥에 두고 하나둘 뒤로 슬금슬금 물러납니다. 흥분을 가라앉히지 못한 두 아이는 싸움을 말리는 제 정강이를 여러 번 걷어 찬 후에야 겨우 멈췄습니다. 여전히 씩씩거리며 서로를 노려보고 있는 석진이와 민석이. 잠시 숨을 돌리는 틈에 민석이가 "야아아아아아~~" 하고 소리를 지르더니 석진이 팔을 비틀어 버립니다. 놀란 아이들이 "선생님! 선생님!" 하고 부르는 소리와 석진이의 울음소리가 뒤섞인 교실은 순식간에 아수라장이 되어버렸습니다.

정신을 차린 저는 아이들을 진정시키기 위해 피아노를 향해 걸어갑니다. 피아노 뚜껑을 열고 잠시 그대로 서 있습니다. 한 옥타브 높은 곳에서 '모두 제자리, 모두 제자리, 모두 모두 제자리' 피아노를 칩니다. ('모두 제자리' 음악은 하던 활동을 정리하고 자기 자리에 앉으라는 약속입니다) 소음 속에서 피아노 소리를 발견한 아이들은 발뒤꿈치를 들고 하나둘 조용히 자기 자리로 걸어가 의자에 앉습니다. 손을 뒤로하고 두 눈은 여전히 싸우고 있는 두 아이를 쳐다봅니다. 서로를 노려보고 있던 석진이와 민석이도 친구들의 눈빛을 느꼈는지 눈치를 보다 슬그머니 자리에 가서 앉습니다.

저는 먼저 스케치북을 꺼내 아이들에게 그림 그리기 활동을 시키고, 석진이와 민석이를 불러 셋이 바닥에 동그랗게 둘러앉았습니다. 팔이 꺾여 아프고 짜증이 난 석진이와 뭐가 불만인지 계속 씩씩거리는 민석이. 둘은 기다렸다는 듯 서로 고자질하기 시작합니다. 말이라기보다 소음에 가까운 아이들의 소리에 귀를 막고 싶어 손이 올라가려고 합니다. 참기 위해 두 손을 꽉 잡고 입을 꾹 다물어 봅니다. 웃음기가 사라진 제 얼굴을 봤는지 두 아이는 겁을 먹은 듯 누가 먼저랄 것도 없이 하던 말을 뚝 멈춥니다.

"선생님은 너희 둘이 발로 찬 자리가 너무 아파서 지금 무슨 말을 해야 할지 생각이 안 나네. 자! 지금부터 선생님이 숫자 30을 셀 동안 무슨 말을 할 건지 생각해 보기로 하자. 생각한 친구는 손 뒤로 하고 허리 쭉쭉 펴기. 지금부터 시작. 하나둘 셋…."

아이들을 진정시키기 위함인지 스스로 정신을 차리기 위해서인지 알 수는 없지만, 되도록 천천히 숫자를 세기 시작합니다. 숫자에 맞춰 숨을 들이쉬고 내쉬는 저를 따라 두 아이도 들숨과 날숨을 반복합니다.

"석진이가 나랑 안 논대요."

"내가 언제 그랬어!"

"석진이가 왜 민석이랑 안 논다고 했을까?"

"어제 석진이가 나랑 칼싸움을 한다고 했어요. 근데 아까부터 블록으로 성만 만들고 있잖아요. 내가 칼싸움하자고 했는데, 석진이가 싫다고 했어요."

"아니에요. 싫다고 한 게 아니고 나중에 놀자고 했어요. 그런데 민석이가 자꾸 징징대고 짜증 내잖아요. 그러더니 갑자기 화내면서 나랑 안 논다고 하고는 수막대(교구)로 성을 부숴버렸어요."

"같이 놀자고 했다가 안 노는 건 싫어하는 거예요. 내가 부숴 버린 거 아니에요. 화나서 건드린 건데 저절로 무너진 거예요."

민석이는 평소 말을 잘 하지 않고 눈치를 많이 보는 아이입니다. 민석이가 유치원에 처음 온 날 석진이는 민석이와 짝이 되고 싶다고 손을 번쩍 들었습니다. 낯가림이 심한 민석이가 유치원에 적응할 동안 석진이는 매일 민석이를 챙기고 함께 놀았습니다.

이야기를 다 들은 저는 아이들에게 '나중에 놀자'와 '너랑 안 논다'의 차이에 관해 설명해 주었습니다. 두 아이는 선생님의 설명이 자신의 마음을 대변한다고 생각했는지 "맞아요! 맞아요!"라며 맞장구를 칩니다. 맞장구와 함께 마음이 풀렸는지 언제 싸웠냐는 듯 금방 다시 놀기 시작합니다. 그런데 점심을 먹던 석진이가 왼쪽 팔이 자꾸 아프다고 합니다. 싸울 때 오른쪽 팔을 비틀었는데 왼쪽 팔이 아프다고 하니 걱정이 됩니다. 살펴보니 특별히 이상이 보이는 것은 없습니다. 민석이도 다시 한번 살펴보니 다행히 다친 곳이 없었습니다. 석진 어머니와 민석 어머니께 전화로 상황을 알린 후, 병원에 가서 검사를 했습니다. 알고 보니 석진이의 왼쪽 팔이 빠져 있었습니다. 치료를 끝내고 사건은 이렇게 마무리되었습니다.

다음 날 아침. 민석 어머니께서 신발도 벗지 않고 한발 한발 있는 힘을 다 실어 쿵쿵거리며 사무실로 들어옵니다. 깜짝 놀란 저는 반사적으로 의자에서 일어나 인사를 하지만, 어머니는 받지도 않습니다. 다짜고짜 앞에 있는 책을 들더니 책상을 탕탕 칩니다.

"같이 싸웠는데 왜 석진이만 병원에 데리고 갔어요? 교육청에 신고하려다가 먼저 설명을 들으려고 찾아왔어요. 왜 그랬어요?"

어머님들께는 어제 전화로 설명을 다 드렸고, 귀가 후에도 혹시 문제가 있으면 연락을 달라고 또 전화를 드렸습니다. 그런데 갑자기 전혀 모르는 내용인 것처럼 신고를 하겠다고 하니 마른하늘에 날벼락을 맞는 기분입니다. 앉아서 이야기하자고 소파를 가리키니, 더 이상 할 말이 없다며 문을 쾅 열고 나가더니 민석이가 있는 교실로 향합니다.

"민석! 민석! 가방 갖고 와, 빨리!"

민석이가 쳐다만 보고 움직이지 않습니다. 그러자 민석이 어머니는 신발을 신은 채 교실로 들어갑니다. 놀이를 하고 있던 몇몇 아이들이 숨죽여 민석이 어머니의 행동을 지켜봅니다. 민석이 어머니는 가방을 들고 오더니, 가기 싫다는 민석이 팔을 끌어당기면서 기어이 데리고 나갑니다.

그 후 민석이는 이틀 동안 아무 연락도 없고, 어머니는 전화를 받지도 않습니다. 한참을 고민하다 퇴근 후 민석이 집을 찾아갔지만, 어머니는 문도 열어주지 않았습니다. 그렇게 1시간 동안 문 앞에서 서성거리다 다리가 아파서 계단에 앉았습니다. 계단에서 책을 읽고 있는데, '끼익' 문 여는 소리와 함께 빼꼼히 민석이 얼굴이 나타납니다. 반가움에 일어서려고 하는데 "선생님~" 하고 달려 나와 덥석 안깁니다.

"선생님, 들어와요. 선생님, 빨리요!"

민석이는 제 손을 끌고 살금살금 집으로 들어갑니다. 잠옷 바람으로 방에서 나오던 민석 어머니가 민석이에게 끌려들어 오는 저를 보고 놀라 다시 방으로 들어갑니다. 저는 민석이 방에서 할머니가 보내준 장난감과 잠옷을 구경한 후 거실로 나옵니다.

거실에는 어느새 옷을 갈아 입고 나온 민석 어머니가 팔짱을 끼고 소파에 앉아있습니다. 저는 맞은편 소파에 앉아 어색하고 답답한 침묵의 시간을 견뎌냅니다.

"선생님, 결혼할 때 시어머니 반대는 없었죠?"

민석 어머니가 먼저 침묵을 깨고 말을 합니다. 갑작스런 사생활 이야기에 순간 당황했지만, 어떻게든 대화의 물꼬를 트기 위해 이야기를 했습니다.

"네, 드러내놓고 반대하지는 않았지만, 제가 몸도 약하고, 병도 좀 있어서 저희 시어머니 입장에서 제가 그렇게 마음에 쏙 드는 며느릿감은 아니었을 것 같아요."

그 말에 갑자기 고개를 들더니 천천히 몸을 돌려 저를 똑바로 봅니다.

"그럼 선생님도 반대하실까 봐 걱정하셨겠네요."

"그럼요. 몸이 약한 며느리를 좋아할 시부모님은 없잖아요. 누가 좋아하겠어요."

민석 어머니는 그제야 마음이 열리는 듯 자신의 결혼 이야기를 풀어냅니다.

민석 어머니는 중국인입니다. 민석 어머니가 대학 신입생 때 유학생인 민석 아버지를 만나 6년 동안 교제했고, 결혼을 결심한 민석 아버지가 본가에 알렸습니다. 하지만 외동아들이 국제결혼을 하겠다고 하자 부모님의 반대는 생각 이상으로 심했습니다. 민석 아버지는 부모님을 설득하지 못해 결혼 후 5년간 본가와 인연을 끊고 지냈습니다. 그리고 민석이가 태어나자 할머니는 어쩔 수 없이 아들의 결혼을 인정했습니다.

민석이의 첫돌이 되자 시어머니는 중국으로 오셔서 민석이네와 석 달 동안 같이 지냈습니다. 하지만 시어머니는 사사건건 "한국 애가 아니니 저렇지"라는 말로 민석 어머니 마음에 상처를 주었습니다. 그런 시어머니가 다음 주에 민석이 집에 와서 한 달 동안 함께 생활한다고 하십니다. 그 말을 들은 이후부터 민석 어머니는 스트레스로 식사를 거의 하지 못하고 불면증까지 생겨 힘들다고 합니다. 집에 온 민석이가 석진이와 싸운 이야기를 하자, 문득 선생님이 자기가 한국 사람이 아니어서 민석이를 병원에 데리고 가지 않았을 수도 있다는 생각이 들었다고 합니다.

그리곤 선생님이 한 말은 잊어버리고 충동적으로 유치원에 찾아간 것이라고 실토합니다. 그리고 돌아오는 택시 안에서 친구들과 재미있게 노는데 엄마 때문에 다 망쳤다는 민석이의 투정에 정신이 번쩍 들었지만, 어떻게 수습해야 할지 몰라서 집에만 있었다고 합니다. 이야기를 끝낸 민석 어머니의 눈에는 마음고생을 대변하는 촉촉한 눈물이 고여 있었습니다.

생각 노트

엄마에게 혼이 난 아이들은 혼난 내용을 잘 기억하지 못합니다. 반면 너무나도 정확히 기억하는 건 혼낸 엄마의 표정입니다. 이는 그만큼 의사전달에 있어서 시각이 중요한 변수로 작용한다는 뜻입니다. 부모를 만나서 차분히 이야기를 들어본다고 문제가 좋은 방향으로 해결된다는 보장은 없습니다. 그러나 감정이 가라앉은 상태에서 상대의 눈을 바라보고 마음을 받아들이며 이야기를 들으면 겉으로 드러나는 행동이 아닌, 그 사람의 이야기에 집중하게 됩니다. '옳다, 그르다'보다 행동을 한 사람을 이해하게 됩니다. 모르는 것보다는 알고 나면 상처받는 일은 그만큼 줄어듭니다.

12

책임감은 타고나는 것일까? 습득하는 것일까?

'책임'의 사전적 의미 중 하나는 '맡아서 행하지 않으면 안 되는 임무'이며, 이것을 중요하게 여기는 마음을 '책임감(責任感)'이라 합니다. 그렇다면 선생님의 책임감은 기질적으로 타고나는 것일까요? 아니면 습득해야 할 기술일까요?

6월부터 시작되는 중국 칭다오의 여름은 우리 모두에게 설렘으로 다가옵니다. 눈부신 햇살에 반짝이는 수평선, 끼룩끼룩 갈매기 떼, 모래 놀이하는 아이와 아빠, 그리고 시원한 파도 소리. 모든 것이 하나가 되어 짧은 봄을 아쉬워했던 마음을 한순간에 날려버리고 들뜬 마음으로 여름을 맞이합니다. 하지만 그것도 잠시, 강렬한 햇살과 지면에서 올라오는 지열은 숨을 턱턱 막

히게 합니다. 온몸을 끈적끈적하게 하는 높은 습도와 함께 찾아온 무더위는 서서히 불쾌 지수를 끌어올립니다.

아침부터 조금만 움직여도 온몸이 찐득해지는 7월의 어느 날, 초록색 민소매 원피스에 샌들을 신고 자기 덩치만 한 두툼한 분홍색 이불을 안고 예빈이가 엄마 차에서 내립니다. 큰 이불이 예빈이 눈을 가려 앞이 잘 보이지 않아 걸음걸이가 불안정해 보입니다. 저는 지그재그로 걸어오고 있는 예빈이에게서 눈을 떼지 못합니다.

“예빈아~ 안녕. 두꺼운 이불을 가져왔네? 무겁겠다. 원장 선생님이 교실까지 갖다 줄까?”

“제가 들어준다고 해도 굳이 직접 들고 간다고 고집을 피워요.” 대답 없는 예빈이 대신 예빈 어머니가 대답합니다.

예빈이는 신발을 벗기 위해 현관에 잠시 이불을 내려놓습니다. 저는 허리를 굽혀 예빈이에게 두 손을 내밀어봅니다. 예빈이는 무겁지 않다며 혼자 2층으로 올라갈 수 있다고 합니다. 계단을 몇 칸 올라가더니 갑자기 뒤돌아서 내려옵니다. 이불을 바닥에 내려놓고는 제 손에 이불을 문지릅니다.

“원장 선생님, 내 이불 한번 만져보세요.”

이불 한 귀퉁이를 쑥 내미는 예빈이.

“ 이불 엄청 부드럽죠? 곰돌이 인형처럼 부드러워요~.”

예빈이는 이불을 자기 볼에 대며 눈을 감습니다.

“원장 선생님, 예빈이가 유치원이 너무 춥다고 하면서 겨울

이불을 꺼내 가져왔어요. 애 말을 다 믿을 수는 없는데, 며칠 동안 계속 같은 말을 하며 조르네요. 오늘은 수민이하고 이불을 가져오기로 약속했대요." 예빈 어머니께서 오늘 이불을 가져온 이유를 말해 줍니다.

여름이 되면 오후에 졸거나 피곤해서 짜증을 내는 아이들이 많습니다. 컨디션이 나쁘면 감정 조절이 안 되고 예민해져서 별일 아닌 작은 일도 다툼으로 변합니다. 그래서 오후에 20~30분 정도 잠시 휴식 시간을 가집니다. 이때 아이들은 매트 위에 누워서 쪽잠을 자기도 하고, 잠이 오지 않는 친구는 조용히 음악 감상을 합니다. 저는 아마도 그 시간에 사용하려고 가져온 것으로 생각했습니다.

유치원 버스가 도착하고 수민이가 커다란 가방을 질질 끌고 옵니다. 차량 담당 선생님은 수민이 가방을 들어주며 이런 말씀을 전하십니다.

"원장님, 수민 어머니께서 교실 온도를 몇 도로 해놓는지 물어보셨어요. 22도라고 했더니, 수민이가 에어컨에 숫자가 16이라고 적혀 있다고 하네요. 집에서 엄마가 물어봤을 때도 수민이가 16도로 되어 있다고 여러 번 말했대요. 교실 온도가 너무 낮다며 꼭 확인해 달라고 부탁하셨어요. 두꺼운 이불은 친구와 약속해서 어쩔 수 없이 보내긴 하는데, 필요하지 않으면 오후에 다시 돌려보내 달라고 하셨어요."

"에어컨에 16이 적혀있다고요? 교실 온도가 16도?"

"네. 열이 많아 한겨울에도 얇은 이불을 덮는 애가 두꺼운 이불을 가져간다고 해서 몇 번 확인했대요."

저는 수민이 이불을 2층 교실에 올려주고 내려와서 담임 선생님을 찾았습니다.

"선생님, 오늘 예빈이와 수민이가 두꺼운 이불을 가져왔어요. 수민 어머니께서 교실 온도가 16도로 맞춰져 있다고 확인해 달라고 하시네요. 교실 온도 22도 맞죠?"

"아니, 그게 (선생님은 우물우물하며 정확하게 말을 하지 않습니다) 어…. 저희 반은 22도가 아니고 16도에 맞춰놨어요."

"네? 16도요? 16도면 아이들이 춥다고 말했을 텐데요. 교실 온도는 22도로 맞춰놨잖아요. 에어컨이 고장이 났나요? 고장 났으면 미리미리 말을 해 줬어야지. 애들이 얼마나 추웠을까…."

저는 못마땅한 표정으로 선생님을 쳐다봤습니다. 선생님은 손에 들고 있는 교재를 뒤적뒤적하더니 저를 보지 않고 고개를 숙이며 중얼거리듯 말합니다.

"그게 아니라, 22도는 시원한 느낌이 안 들어요. 저는 집에서 16도에 맞추고 생활해요. 애들이 춥다고 에어컨 꺼달라고 하면 껐어요. 껐다 켰다 하니까 더 더워서 16도로 설정해 놓고 온도가 보이는 곳에 색종이를 붙여놓고 껐다고 했어요. 애들이 자꾸 춥다고 하길래 긴팔 소매 옷이나 두꺼운 이불을 가져오라고 했어요. 애들이 춥다고 하면 22도라고 말해서 애들도 16도로 생각

안 해요. 수민 어머니께는 그냥 22도라고 말하면 될 것 같은데요."

'이 선생님이 지금 뭐라는 거야?' 얼토당토않은 선생님의 말에 저는 제 귀를 의심했습니다. 옆에서 이야기를 듣던 다른 반 선생님이 어이가 없다는 듯 한마디 싫은 소리를 합니다.

"아니, 선생님, 아이들한테 여름 감기가 얼마나 무서운지 모르세요? 그러다 애들 냉방병 걸리면 선생님이 다 책임질 거예요.? 그게 선생님이 할 행동이에요? 그리고 선생님이 무서워서 모른 척할 뿐이지, 7세면 16도인지 22도인지 다 알아요."

저는 아이들이 등원하는 시간에 시끄러워질 것 같아 슬그머니 담임 선생님의 손을 이끌고 사무실로 갔습니다.

"선생님은 진짜 더위를 많이 타나 봐요. 선생님도 조카 있다고 하셨죠?"

"네. 두 명 있어요. 6살, 7살 연년생이에요."

"요즘도 영상통화 자주 해요? 조카들과 친하게 지내는 모습 보기 좋던데."

"네, 거의 매일 해요. 애들이 아기 때 우리 집에서 같이 살아서 정이 많이 들었어요."

"선생님 조카가 유치원 교실 온도를 16도로 해놔서 너무 춥다고 하면 뭐라고 할 것 같아요?"

"어머, 안되죠. 애들이 얼마나 온도에 민감한데요. 당장 선생님께 말해야죠. 안되면 원장 선생님한테라도 말해야죠."

"그렇죠, 선생님 애들은 온도에 엄청 예민하죠? 선생님 반 애들은 다 내 조카예요. 당장 22도로 바꿔놓으세요."

선생님은 잠시 가만히 있더니 흘리듯이 한마디 합니다.

"왜 꼭 애들 온도에 맞춰야 하는 거예요. 선생님도 사람인데…"

저는 선생님의 볼멘 소리를 못들은 척하고 아이들을 맞이하러 마당으로 나갔습니다.

생각 노트

모든 직업에는 그 직업만의 고유한 특성이 있습니다. 사람들에게는 '교사는 ○○해야 한다'라는 일반적 인식이 있습니다. 그 말은 일방적인 희생과 이타심을 말하는 것이 아니라, 자기의 위치와 역할에 대한 분명한 인식이 필요하다는 뜻입니다. 이것이 책임감의 시작입니다.

아이들에게 선생님은 한 사람의 어른이 아니라 '선생님'입니다. 선생님은 아이들을 대할 때 평소 습관이 아닌 '선생님의 언어와 행동'을 해야 합니다. '선생님의 언어와 행동'은 아이와 같이 생각하고, 아이와 같은 시선으로 세상을 바라본다는 것을 의미합니다. 그것은 새로운 기술을 연마하듯 의식적으로 생각하고 배우는 과정이 필요합니다. 연습하다 보면 어느 순간 교실에서 선생님이 아이들에게 어떻게 말하고 행동해야 할지 의식하지 않아도 상황 속에서 자연스럽게 드러납니다. 그 과정을 우리는 아이들에 대한 선생님의 '사랑'이라고 말합니다.

13
달라서 더 가치 있는 너와 나의 문화

국제화-세계화로 인해 한 교실 안에 다양한 국적의 아이들이 옹기종기 앉아있는 풍경은 어렵지 않게 볼 수 있습니다. 다문화 가족에서 양육을 책임지는 쪽은 대부분 어머니입니다. 아버지의 문화를 '겉 문화'라고 하면 어머니의 문화는 '속 문화'입니다. 선생님은 아이의 속 문화를 얼마나 알고 계신가요?

'딩동~' 아직 아이들이 올 시간이 아닌데 유치원 현관 벨이 울려 CCTV를 쳐다봅니다. 현관 앞에는 소미 어머니가 서 있습니다. 어머니의 양옆에는 머리카락이 허리까지 내려오는 소미와 소희 자매가 서 있습니다. 어머니의 표정을 보니 괜히 말 한마디 잘못했다가는 레프트 훅을 날릴듯한 기세여서 나가기가 머뭇거려집니다.

저는 어머니의 심기를 건드리지 않고 분위기를 전환해 보려고 계단을 내려가며 조용히 말을 걸어봅니다.

“애들아~ 안녕. 오늘은 둘 다 쌍둥이처럼 똑같은 머리띠를 했네~.”

“원장 선생님, 안녕하세요!”

아이들이 반갑게 인사하며 다가오려고 습관적으로 발을 내미니, 어머니께서 아이들의 팔을 잡아당깁니다. 순간 소희 몸이 휘청거립니다.

“어머니~ 유치원 버스를 안 태우고 오늘은 직접 데리고 오셨네요. 아침에 어디 가시나 봐요?”

“원장 선생님! 6세 반 선생님이 어제 우리 소미한테 김치를 먹였대요. 소미한테 감기에 걸렸으니 먹지 말라고 했는데, 선생님이 식판에 있는 음식은 골고루 다 먹으라고 해서 먹었다고 하네요.”

“어머님 말씀은 6세 반 선생님이 억지로 먹였다는 거죠?”

“네. 감기에 걸려서 먹지 말라고 했는데, 선생님이 강제로 먹였대요. 어떻게 그럴 수가 있어요!”

짜증 나고 화나는 마음이 어머니 말투에 고스란히 담겨 있습니다.

‘김치를 먹은 게 아침부터 화를 낼 일인가?’ 이해가 안 된다는 제 표정을 읽었는지, 소미 어머니는 애들 손을 놓고 다가옵니다.

그러고는 마치 제 생각을 꿰뚫듯이 시선을 맞춰 쳐다봅니다. 눈빛이 무서워 다리가 조금 떨립니다. 어머니는 또박또박 단어 하나하나에 힘을 잔뜩 주고 말을 합니다.

"원장 선생님! 중국에 오시면서 중국 교육에 관해 공부 안 하셨죠? 매운 김치는 열을 내는 음식이에요. 중국에서는 열이 나는 아이에게 열을 일으키는 음식은 먹이지 않아요. 감기에 걸렸을 때 매운 것을 먹이지 않는다고요! 어제 선생님이 매운 김치를 먹여서 아이가 밤새 열이 났어요. 알림장에 적어놨는데 그걸 보고도 먹였다는 건 학부모를 무시하는 행동이죠. 맞죠? 어떻게 선생님이 학부모의 말을 무시하고 자기 맘대로 할 수가 있어요!"

소미는 어제 아침 등원했을 때부터 열이 38도였습니다. 아침에 소미의 열이 점점 올라 어머니께 전화를 했습니다. 어머니는 8시에 해열제를 먹여서 보냈으니, 계속 열이 나면 가방 속에 있는 해열제를 한 번 더 먹이라고 합니다. 그런데 갑자기 유치원에 찾아와 김치 때문에 열이 나고 선생님이 자신을 무시했다고 합니다.

아직 6세 반 선생님이 출근 전이라 확인이 안 되니 딱히 반박할 수도 없습니다. 유치원이 아파트 단지 입구라 등교하고 출근하는 사람들이 지나가면서 힐끔힐끔 쳐다봅니다. 호기심 어린 시선이 신경 쓰여 안으로 들어오라고 해도 막무가내입니다. 지금 소미 어머니의 심리 상태로는 조금만 자극해도 소란을 피울 것 같아서 마음이 조마조마합니다. 그래도 일단 달래는 수밖에 없습니다.

"밤새 열이 나서 고생했겠어요."

"네. 애가 열이 너무 높아 한숨도 못 잤어요. 그 바람에 소희도 깨서 보채고 진짜 힘들었어요."

"맞아요. 애가 아프면 엄마가 더 힘들죠."

선생님이 아니라 같은 엄마의 입장에서 주거니 받거니 이야기를 나누면서 어머니 표정을 살핍니다.

"어머니도 잘 아시다시피 담임 선생님이 부모님들이 알림장에 적어놓은 내용을 무시할 분은 아니세요. 못 봤거나 아니면 봤는데 애들 챙기느라 깜빡 잊으셨을 수도 있잖아요. 무시했다고 생각하지 마세요. 선생님 출근하시면 한번 확인해 볼게요."

"확인할 것도 없어요. 선생님들이 중국에 왔으면 중국에서 어떻게 애를 키우고 교육하는지 알아야죠. 부모가 알려주지 않아도 감기 걸린 애한테 김치를 먹이면 안 된다는 건 알고 계셔야죠. 그걸 모르고 있다는 게 무시했다는 뜻 아닌가요?"

그렇게 던지듯 말한 후, 아이들이 컨디션이 안 좋아 다시 병원에 가야 한다며 애들을 데리고 가버립니다.

한바탕 소동이 지나가니 긴장감이 풀려 힘이 쭉 빠집니다. 출근한 담임 선생님께 확인해 보니 알림장에도, 전화로도 김치와 관련된 내용은 없었다고 합니다. 어제는 소미가 계속 열이 나서 김치도 씻어서 줬다고 합니다. 4세 반 선생님이 소미의 동생인 소희 알림장에는 김치를 먹이지 말라는 내용이 있어서 먹이지 않았다고 합니다. 어머니께 확인된 내용을 전달했지만, 불쾌해하면서 '김치를 먹였다는 것은 자기를 무시한 것'이라며 계속해서 화를 냈습니다.

오후 늦게 다시 어머니께 전화를 하니 소미가 열감기에 폐렴이 겹쳐 입원을 했다고 합니다. 어머니는 폐렴에 걸린 것도 선생님의 부주의 때문이라고 원망합니다.

일주일 뒤 소미가 퇴원해 유치원에 왔습니다. 그날 오후 유치원에 오신 소미 어머니는 입원비 영수증을 보여주며 부모를 무시하는 곳에는 아이를 보낼 수 없다고 하셨습니다. 그리고는 교실에서 아이들 물건을 하나하나 챙긴 후, 인사도 하지 않고 유치원을 나갔습니다. 엄마 손에 끌려 걸어가는 소미, 소희 자매는 뒤를 돌아보며 선생님께 손을 흔듭니다. 마치 내일 또 유치원에 등원할 것처럼 웃으며 말이죠. 그날이 마지막인 줄 몰랐나 봅니다.

이 일은 6세 반 선생님과 유치원의 입장으로서는 억울하고 속상했지만, 다문화 가정을 새로운 시각으로 이해하는 계기가 됐습니다. 그 후로 저와 선생님들은 그 지역에서는 감기, 수족구병 등 어린이 질병을 어떤 식으로 치료하는지 알아보기 시작했습니다. 그리고 유치원에서는 어떻게 관리하는지 공부했습니다. 같은 문화권이지만 상황에 따라 금기시하는 음식이 다르고,

관리하는 방법이 다르다는 것을 하나하나 알게 되었습니다. 공부하는 과정에서 다문화 아이들을 가르치기 위해서는 그들의 오랜 관습을 이해하는 것이 먼저라는 것을 배웠습니다.

생각 노트

아이들의 생활 습관에는 어머니의 문화가 많이 녹아있습니다. 관습이 법보다 강하듯 같은 장소에서 같은 상황을 대하더라도 어머니가 속한 문화권의 관습에 따라 대처하는 방법은 달라집니다. 다문화 아이들을 이해한다는 것은 결국 '어머니의 문화를 이해한다'는 말입니다.

교실은 모든 것을 하나로 녹여버리는 용광로가 아닙니다. 하나의 샐러드 볼입니다. 볼 안의 여러 가지 과일이며 채소들은 저마다의 색과 고유한 맛을 냅니다. 그리고 여기에 과일이나 채소와 잘 어우러질 소스가 뿌려집니다. 소스는 각 과일이 가진 고유의 맛을 조화롭게 연결해 샐러드의 풍미를 살리는 역할을 합니다. 선생님이 해야 할 일이 이것입니다. 바로 아이들이 가진 문화를 배워 한 공간에서 하모니를 이룰 수 있도록 돕는 것입니다.

14

아이를 사이에 둔 부모와 교사는 어떤 관계일까?

3+5=8이라는 건 누구나 아는 사실입니다. 아주 쉬운 연산이죠. 이때 3과 5의 관계는 덧셈의 관계라고 할 수 있습니다.
교육기관은 아이, 부모 그리고 교사가 연결되어 있습니다. 아이를 사이에 두고 부모와 교사는 어떤 관계일까요?

에피소드 1 유치원 달걀에만 반응하는 알레르기

"원장 선생님! 6세 반 샛별이 달걀 알레르기 있다고 빵 먹이지 말라고 한 거 맞죠?"

"네, 샛별이가 먹을 수 있게 유기농 빵을 준비해 달라고 오늘 아침에도 전화가 왔어요. 어머니한테 직접 준비해서 보내라고 했어요. 근데 왜요?"

"조금 전에 저희 반(5세 반) 바깥 놀이할 때, 샛별이 어머니가 샛별이를 데리고 가는 걸 봤어요. 그때 ㅇㅇ 제빵소 빵을 샛별이한테 주던데요."

"그래요? 선생님은 샛별이가 먹은 빵이 ㅇㅇ 제빵소 빵이라는 걸 어떻게 알았어요?"

"ㅇㅇ 제빵소 쇼핑백에서 빵을 꺼내 샛별이가 좋아하는 빵이라고 말해서 들었죠."

6세 반 샛별이는 달걀 알레르기가 있다고 했습니다. 그래서 샛별이 어머니는 유치원 식단을 일일이 간섭합니다. 음식 재료는 어디에서 사는지, 어떤 제품을 사용하는지 상표를 알려달라 요구합니다. 또 식단에 빵과 달걀이 들어가는 음식이 있을 때마다 담임 선생님께 다른 음식으로 대체해 달라고 전화가 옵니다.

달걀이 들어간 반찬은 빼고 먹이겠지만 샛별이만을 위해 따로 반찬을 만들어 줄 수는 없다고 말씀드렸습니다. 그랬더니 친구들이 먹으면 샛별이가 무심결에 먹을 수 있으니 달걀 없는 반찬으로 식단을 바꾸라고 요구합니다. 결국 저는 샛별 어머니께 따로 도시락을 싸서 보내시든지, 아니면 달걀이 있는 반찬은 빼고 먹이도록 할테니 둘 중 하나를 선택하라고 했습니다.

그때부터 샛별 어머니는 담임 선생님께 전화를 걸어 유기농 달걀을 사용하는 빵으로 준비해 달라며 괴롭히기 시작했습니다. 달걀 알레르기가 있으면 유기농 달걀도 먹이지 말아야 하는 것은 아닌지 선생님들은 어머니의 요구가 이해가 되지 않았습니다. 샛별 어머니께 유치원에서 간식으로 제공하는 빵집을 알려줬습니다. 그 빵집의 빵을 먹고, 샛별이가 알레르기 반응을 일으킨 적이 있는지 물어보니 그 말에는 대답을 안 합니다.

샛별이한테 반찬에 대해 너무 단호하게 말한 것이 조금 미안해 샛별이가 평소 먹는 빵으로 구매하기 위해 샛별 어머니께 구입처를 물었지만, 답이 없습니다.

"선생님, 오늘 간식으로 빵이 나오네요. 샛별이 빵은 준비되나요?"

"어머니, 샛별이 빵만 따로 준비하기 힘들어요. 지난번에는 주방 선생님이 특별히 지인분께 부탁해서 빵을 만드셨어요. 매번 그렇게 할 수는 없어요."

"그럼 우리 샛별이는 간식을 못 먹나요?"

"샛별이는 빵은 먹이지 않고 우유만 먹일게요."

"그러면 우리 샛별이가 배고프잖아요."

"그럼 어머니께서 따로 빵을 준비해서 보내주세요. 제가 챙겨 먹일게요."

"샛별이가 자기만 다른 빵을 먹으면 속상할 텐데요."

"원장 선생님이 어머니께서 원하는 빵집에서 주문하시겠다고 하셨으니 빵집 이름하고 전화번호 알려주세요."

어떤 대안을 제시해도 트집을 잡기 위해 핑곗거리를 찾는 느낌입니다. 이런 상황에서 5세 반 선생님이 오늘 샛별 어머니께서 샛별이에게 ㅇㅇ 제빵소 빵을 먹이는 것을 본 것입니다.

ㅇㅇ 제빵소는 유치원에서 아이들 간식 빵을 사는 곳입니다. 그곳 빵도 안 된다고 하던 어머니가 아무렇지도 않게 사 먹이는 것을 알게 된 저는 샛별이가 진짜 알레르기가 있는지까지 의심하게 되었습니다.

"어머니, 안녕하세요. 샛별이 달걀 알레르기는 좀 좋아졌나요?"

"아니요. 조금만 먹어도 간지러워서 오늘도 선생님께 달걀 먹이지 말라고 부탁드렸어요."

"그래요? 오늘 귀가 때 어머니께서 샛별이에게 ㅇㅇ 제빵소 빵을 먹이는 걸 봤다고 해서요. 이제 달걀에 면역이 생겨서 좀 좋아졌나 생각했어요. 오늘 먹이신 걸 보니 샛별이가 그곳 빵은 알레르기 반응을 일으키지 않나 봐요?"

샛별 어머니는 샛별이에게 빵을 먹이는 것을 봤다는 말에 무척 당황해하며 할 말을 찾으려고 합니다.

"ㅇㅇ 제빵소 빵은 유치원에서 아이들에게 간식으로 제공하는 거라고 알려드렸는데, 기억하시죠? 그럼 내일부터 먹여도 되죠? 그 집 빵에도 달걀이 들어가는데."

"아니 그게 아니라~(목소리 톤이 바뀌면서 포기한 듯)사실은 샛별이 달걀 알레르기 없어요."

사정은 이렇습니다. 샛별 어머니는 샛별이가 입이 짧아서 걱정이 많았다고 합니다. 집에서 잘 먹지 않으니 유치원에서 한 끼라도 제대로 먹고 와야 한다는 생각이었습니다. 그런데 뉴스와 육아카페에 올라온 급식에 대한 부정적인 이야기를 접한 후부터 유치원 식자재에 불신이 생겼습니다. 그런 뒤 유치원에서 보낸 식자재 구입처와 상표를 보고 조금 안심했다고 합니다.

샛별 어머니가 달걀에 유별나게 집착하는 이유는 아토피 때문입니다. 아토피가 심한 샛별 어머니는 자기처럼 고생하면 안 된다고 생각해 어릴 때부터 음식을 조심시켰습니다. 유치원에 입학하기 전 병원에서 알레르기 검사를 했습니다. 샛별이는 검사에서 어떤 식자재에도 알레르기 반응이 나오진 않았다고 합니다. 하지만 아무리 검사 결과에 이상이 없어도 엄마의 강박증 때문에 자꾸 유치원에 요구하게 된 것이었습니다.

에피소드 2 복숭아 알레르기도 잊게 만든 간식 놀이

유치원 차량에서 아이들이 다 내리고 난 후, 기사님이 커다란 상자를 들고 내리십니다.

"선생님, 어제 가족들이 복숭아 농장에 가서 직접 딴 거예요. 마침 오늘 간식이 복숭아네요. 아이들과 함께 맛있게 드세요~."

수현이 어머니께서 맛있는 복숭아를 보내주셨습니다.

간식시간, 아이들은 달콤한 복숭아를 먹으며 조잘조잘 댑니다. 저는 간식 접시를 들고 이쪽저쪽을 다니며 혹시 더 먹고 싶은 친구들이 있는지, 먹고 싶은데 말하지 못한 친구들이 있는지 살펴봤습니다. 그때였습니다.

"선생님, 태정이 얼굴이 이상해요."

접시를 놓고 아이들이 있는 곳으로 달려간 저는 태정이 모습에 깜짝 놀라 소리를 질렀습니다. 태정이 얼굴이 울긋불긋 알레르기가 잔뜩 올라와 있고, 몸을 보니 더 심합니다. 태정이는 복숭아 알레르기가 있습니다. 복숭아 간식이 나올 때는 태정이 어머니께서 따로 사과나 배를 준비해서 보내줍니다. 분명히 어머니가 준비해 준 간식을 줬는데 어쩐 일일까요?

반점이 잔뜩 올라온 태정이 얼굴을 보니 당황스럽기만 합니다. 토끼 눈을 뜬 제 마음을 아는지 모르는지 태정이가 천연덕스럽게 말합니다.

"선생님, 복숭아 맛있어요. 간식 돌려서 먹으니까 재미있어요. 약 먹으면 안 간지러워요."

"복숭아?"

태정이 책상 위에는 복숭아가 놓여 있습니다. 그리고 태정이 간식 접시는 건너편에 앉은 경현이 앞에 놓여 있습니다.

컨베이어 벨트 위 초밥처럼 자기 접시에 있는 간식을 하나 먹고 접시를 옆으로 돌리는 '재미있는 간식 놀이'는 효은이가 제안했습니다. 친구가 알려준 재미있는 놀이에 태정이는 자신이 복숭아를 먹으면 안 된다는 사실을 잊어버렸습니다. 친구들이 자신의 얼굴을 보고 깜짝 놀라자 그제야 복숭아 알레르기가 기억났나 봅니다. 그사이 얼굴부터 온몸까지 울긋불긋한 반점이 점점 늘어났습니다.

태정이의 하얀 얼굴에 난 알레르기 반점은 점점 선명한 빨간색을 띠고, 손등도 간지러운지 벅벅 긁어대기 시작합니다. 얼른 태정이 어머니께서 보내주신 알레르기 약을 먹였습니다. 이 일로 태정이는 일주일 동안 약을 먹으며 가려움과 싸워야 했습니다. 태정이 어머니는 태정이 때문에 괜히 친구들과 선생님이 놀란 것 같다며 미안해하셨습니다.

생각 노트

유아교육은 가정과의 연계, 그중에서도 특히 엄마와의 연계가 중요합니다. 부모와 선생님은 자녀교육의 파트너입니다. 파트너십에서 가장 중요한 건 '신뢰'입니다. 하지만 어느 순간부터 부모는 교육기관과 교사를 믿지 못해 교육의 파트너가 아닌 내 자녀의 성공을 위해 잠깐 필요한 도구로 대하기 시작합니다. 도구 관계에서는 아이를 중심에 둔 공감대가 형성될 수 없습니다. 그렇게 되면 아이들은 성장 시기에 맞는 정신적, 육체적 영양분을 적재적소에 받을 수 없습니다. 그리고 그 피해는 고스란히 아이들의 몫이 됩니다.

진심으로 아이의 행복과 성장을 원하시나요? 그렇다면 서로를 도구화의 관점이 아닌 아이를 중심에 두고 신뢰의 관점으로 바라보세요. 엄마와 선생님 사이에 싹튼 신뢰감은 아이에게 정서적인 안정감을 주고, 자존감 있는 사람으로 자라게 할 것입니다.

15

무엇이 감정주파수를 옮겼을까?

유치원에서 아이가 다쳤습니다. 이 일은 부모의 아킬레스건을 건드립니다. 엄마는 아이의 사고에 자신의 약점을 투사해 자기연민에 빠집니다. 엄마의 자기연민은 사건의 본질을 흐려 선생님을 곤란하게 만듭니다. 이런 엄마를 어떻게 대해야 할까요?

유치원 현관문을 열자, 자욱한 안개로 한 치 앞이 보이지 않습니다. 핸드폰에서 손전등을 켭니다. 마당에 나가보니 며칠 동안 내린 겨울비로 유치원 마당은 꽁꽁 얼어 바스락 소리가 납니다. 유치원 차량 운행 시간이 다가오니 자욱한 안개 때문에 걱정이 커집니다. 그사이 물이 끓었는지 커피 포터에서 '삐~~~' 하는 소리가 들립니다. 물을 붓고 커피를 타고 있는데 갑자기 "선생님!"을 부르며 초록색 털모자를 쓴 경훈이가 달려옵니다.

"경훈아~ 안녕!"

"선생님! 있잖아요. 효빈이 엄마 엄청 화 많이 났어요."

"이경훈! 조용히 안 해?"

"아니, 엄마 그게 아니고…."

"조용히 해!"

경훈이 어머니는 다급한 목소리로 경훈이를 부르며 뛰어옵니다. 손으로 아이의 입을 막고 허둥지둥 인사를 합니다. 그사이 온몸을 비틀어 엄마 손을 빠져나온 경훈이는 엄마 외투 끝자락을 부여잡고 이리저리 흔들며 투덜거립니다. 생각지 못한 요란스러운 아침 풍경에 어리둥절해 어색한 미소로 무슨 일인지 경훈이에게 물어봅니다.

"(고개를 갸우뚱거리며) 선생님은 아무리 생각해도 효빈이 어머니가 왜 화가 나셨는지 모르겠는데 무슨 일일까? 설마 선생님께 화가 난 거야?"

"(선생님의 말에 놀란 경훈 어머니는 손사래를 치며)아니에요. 선생님, 애가 하는 말이니까 그냥 못 들은 걸로 하세요."

"엄마, 어제 효빈이 엄마가 선생님 때문에 기분 나쁘다고 말했잖아. 엄마도 맞다고 했잖아."

경훈이는 엄마가 자기 말을 무시한다고 생각했는지 소리를 꽥 지르고는 제 뒤로 숨습니다. 당황한 어머니는 경훈이를 여러 번 흘겨보시더니 마지못해 털어놓습니다.

"사실은 지난번 효빈이가 유치원에서 다쳐서 치과를 갔잖아요. 그런데 선생님이 그 일을 이야기하실 때 효빈이 혼자 슬라이딩을 하다가 바닥에 이를 부딪혔다고 하셨다면서요."

"네, 그날 귀가 준비하면서 친구들은 외투를 입는데 혼자 옷을 손에 들고 슬라이딩을 하다 넘어졌다고 말했어요. 그런데 그게 왜요?"

"어제 유치원 마치고 효빈이네가 우리 집에 놀러 와서 같이 저녁을 먹는데 속 이야기를 하더라고요."

경훈이 어머니는 어디까지 이야기해야 할지 고민이 되나 봅니다. 이야기하면서 자꾸 눈을 피합니다.

"어머니~ 괜찮으니 말씀해 보세요. 제가 뭐 실수라도 했나요?"

"그건 아닌데요. 그냥 선생님한테 좀 서운하다는 뜻이었어요. 선생님이 제대로 안 챙겨서 일어난 사고를 효빈이 잘못이라는 말처럼 들렸나 봐요. 솔직하게 말씀드리면 효빈 엄마가 화를 좀 내긴 했어요. (잠시 머뭇거리더니) 선생님, 아직 효빈이 동생 신입생 등록 안 했죠? 괜히 이것 때문에 마음 상해서 다른 유치원 갈 수도 있잖아요. 선생님이 전화해서 마음 좀 풀어주세요. 동생들도 같이 다니면 좋잖아요."

그날 일은 이랬습니다. 아침 자유 놀이 시간, 효빈이가 친구들을 데리고 교실 뒤쪽 환경판 앞으로 가더니 바지 주머니에서 양말을 꺼내 신었습니다. 태권도 도장에서 형들에게 슬라이딩을 배웠다며 친구들에게 알려줍니다. 나무로 된 바닥이 미끌미끌하니 마침 슬라이딩 하기 딱 좋다며, 아주 신났습니다. 성민이가 효빈이를 따라 하다 방향을 잘못 잡아 앞에 있는 책상에 머리를 '쾅' 하고 부딪힙니다. 아이들의 장난이 심해질 것 같아 저는 아이들에게 교실에서 슬라이딩을 하면 어떤 일이 일어날 수 있는지 알려주고, 유치원에서는 못하게 했습니다.

그런데 한번 재미를 느낀 아이들은 쉽게 그만두지 않습니다. 한번은 효빈이가 화장실에 간다고 말하고는 복도에서 몰래 슬라이딩을 했습니다. 효빈이는 등원하던 하준이를 보지 못해 둘이 부딪혔습니다. 뒤로 벌러덩 넘어진 하준이는 벽에 머리를 부딪혀서 혹이 생겼습니다. 효빈 어머니께 이러이러한 상황을 말씀드렸더니, 효빈이가 선생님과 한 약속을 어길 리가 없다며 믿지 않았습니다.

같은 반 엄마들 사이에 모범생으로 불리는 7살 효빈이. 유치원을 마치고 집에 돌아가면 엄마가 준비해 놓은 학습지도 빠지지 않고 잘합니다. 채소도 잘 먹고 동생도 잘 데리고 놀아 효빈이 어머니는 자랑을 많이 합니다.

사건이 있었던 날, 효빈이는 점심시간 후 놀이시간에 몰래 슬라이딩을 하다 여러 번 혼이 났습니다. 저는 한동안 그런 효빈이를 조금 주의 깊게 지켜보고 있었습니다. 귀가 준비로 한참 부산할 때 혜진이 어머니께서 오셨습니다. 혜진이가 롱패딩 지퍼를 혼자 잠그지 못해 도와주는데, 갑자기 '쿵' 하는 소리가 들립니다. 효빈이가 슬라이딩을 하다가 '쾅' 하고 바닥에 부딪힌 것입니다. 입술에 피가 묻어서 살펴보니 잇몸에서도 출혈이 일어났습니다.

저는 방과 후의 모든 일정을 뒤로 미루고 택시를 잡아타고 효빈이와 함께 치과에 갔습니다. 병원에 도착하니 아직 효빈 어머니께서 오지 않아서 의사 선생님은 간단한 검사만 먼저 진행하고 효빈이 어머님이 오신 후에 치료를 시작했습니다. 대문니 중 아랫니는 괜찮고 윗니가 살짝 흔들려 고정액을 발라 놨습니다. 의사 선생님은 고정액이 굳으면 전혀 불편함이 없다며 어머니를 안심시키고 주의 사항을 알려줍니다. 병원에 도착해서 한 마디도 하지 않던 효빈이 어머니는 의사 선생님의 설명을 듣고 나서야 조금 안심이 되는지 인사를 합니다.

치료비를 계산하고 나오니 어머니는 효빈이가 집에서도 슬라이딩을 자주 한다고 언젠가 사고가 날 줄 알았다고 합니다. 미리 조심시키지 못해 죄송하다는 말을 여러 번 합니다. 어머니가 조금 안정이 된 것 같아서 사고 당시 상황을 알려드렸습니다.

유치원에서 사고가 났기 때문에 죄송하다는 말을 먼저 하고 효빈이 잘못이라는 말은 꺼낸 적도 없습니다. 또 당일 병원비와 그 후 치료과정에서 발생하는 모든 비용도 유치원에서 부담하며, 원에서 할 수 있는 도의적인 책임을 소홀히 하지 않았습니다. 어머니는 그 후에도 효빈이를 데리러 올 때마다 고맙다는 말을 여러 번 했습니다.

그런데 경훈이 어머니로부터 뜻밖의 이야기를 들으니 찜찜한 기분을 떨쳐 버릴 수가 없습니다. 그날의 일이 계속 마음에 걸렸지만, 쉽게 전화번호를 누르지 못하고 머뭇거렸습니다.

시간은 흘러 어느새 신입생 모집 기간이 다가왔습니다. 생각지도 않았는데 효빈 어머니께서 동생을 데리고 유치원을 방문하셨습니다.

"선생님, 혹시 주위에 어른 중에 교정하신 분 계세요?"

"제 주위에는 치아 교정하는 애들은 있어도 어른은 없어요. 누가 교정을 하시나 봐요?"

"제가 하려고요. 제 입이 돌출된 입이라 항상 신경이 쓰였거든요. 사실 효빈이가 다쳤을 때 저 때문인 것 같아서 엄청 속상했어요. 제가 돌출된 입이라 애들이 넘어지거나 부딪히면 괜히 엄마 닮아서 그렇다는 말을 들을 것 같았거든요. 제가 어릴 때는 괜찮았는데 자라면서 입이 돌출된 거거든요. 지금은 괜찮은데 효빈이도 성장을 하면서 치아가 돌출될까 봐 신경이 많이 쓰이더라고요. 치과 다녀온 날, 집으로 돌아가서 심하게 혼을 냈더니 효빈이가 그 이후로 무서운지 집에서는 슬라이딩은 안 해요. 유치원에서도 안 하죠?"

"네. 그 사고 이후로도 몇 번 하더니 요즘은 안 해요."

"진작 혼을 냈어야 하는데 선생님이 아니었으면 치과도 못 찾고 고생할 뻔했어요. 그때 너무 애쓰셨고 치료비도 다 내주시고 감사해요."

교정 치료를 하기로 해서 기분이 좋아지신 효빈 어머니는 원아 모집 요강도 읽어보지 않고, 담임 선생님이 어떤 분인지도 물어보지 않고 등록 용지에 사인합니다. 그리고는 그 자리에서 바로 등록비를 납부하고 기분 좋게 집으로 돌아갔습니다. 덕분에 그간의 마음고생도 한순간에 끝나버렸습니다.

생각 노트

사건의 주체가 아이에서 엄마에게로 넘어갔습니다. 사건의 내용도 바닥에 부딪힌 아이의 사고에서 엄마의 취약점이 더해진 경우입니다. 이에 따라 사건에 대한 반응도 달라질 수밖에 없죠. 하지만 달라진 내막을 모르는 선생님은 어떻게 해야 할지 막막합니다.

부모와의 관계에서 가장 불편한 것이 '기다림'입니다. 선생님은 문제를 일으킨 사람이 답을 가지고 있다는 것을 알고 있습니다. 다만 답의 내용과 답을 전달하는 형식을 알 수 없을 뿐입니다. 이런 경우 답을 알기 위해 고민하는 것은 시간 낭비입니다. 차라리 현실에 닥친 문제는 잠시 잊고, 오늘 내가 해야 할 일에 몰두하는 것이 현명합니다. 답은 문제를 일으킨 사람이 자신이 원하는 방법으로 반드시 가져옵니다.

선생님이 할 수 있는 최선의 방법은 답을 가지고 있는 부모가 스스로 자신의 감정 주파수를 제자리로 돌려놓기를 기다리는 것뿐입니다.

16

무릎을 살짝 굽히면 보이는 아이들의 경이로운 세상

깊이 생각하기보다는 그저 눈으로 보고 느낀 대로 말하는 아이들, 이들 속에는 특별한 계산이 없습니다. 보이는 대로 말하는 아이들의 소리에 어른들은 어떤 반응을 보일까요?

출산하고 5개월 만에 유치원으로 복귀 한 날, 4세 반 선생님이 눈물을 글썽거리며 뛰어옵니다. 4세 반 선생님의 눈물을 반가움의 표현이라 생각하니 기분이 좋았습니다. 하지만 반가움도 잠시, 선생님은 그동안 있었던 여러 가지 이야기를 쉴 새 없이 쏟아냅니다. 그런데 때마침 전화가 옵니다.

"원장님! 오늘 은우 좀 늦게 보낼게요. 아침에 예방 접종하러 가거든요."

전화를 끊고 나니 선생님은 기다렸다는 듯 대뜸 이런 말을 합니다.

"원장 선생님! 은우 좀 독특하지 않아요?"

4세 반 선생님은 입술을 앞으로 모으며 혼자서 중얼거립니다.

"은우가 왜요? 무슨 일 있었어요?"

선생님은 생각만으로도 짜증이 나는지 고개를 세게 흔듭니다. "걔는 진짜!", "어휴, 은우는 진짜!"라는 말만 되풀이합니다.

7살 은우는 질문이 많은 아이입니다. 책을 읽으면서도 그림 하나, 단어 하나에도 궁금한 것이 있으면 참지 못하고 바로바로 묻습니다. 등원할 때도 곧바로 교실로 들어오지 않습니다. 유치원 마당을 한 바퀴 돌면서 풀과 꽃을 살펴봅니다. 교실에 들어와서 친구들에게 마당에서 본 것들을 이야기해 주고 그림으로 그립니다.

"은우가 무슨 말을 했기에 선생님이 이렇게 화가 많이 났을까요?"

"아니, 지난주 금요일 퇴근 후에 약속이 있어서 빨간색 원피스를 입고 출근했어요. 전체 모임 시간에 한참 동화를 읽어주고 있는데 갑자기 '선생님 다리는 코끼리 다리처럼 생겼네요' 그러잖아요. 그건 인신공격 아닌가요? 그 말에 애들이 전부 제 다리를 쳐다보는 것 같아서 얼마나 부끄럽고 눈물이 나던지 겨우 참았어요."

조심스럽게 꺼낸 감정이 쉽게 가라앉지 않는지 선생님은 또 다른 서운한 일도 토로합니다.

"어제는 놀이터에서 갑자기 저한테 오더니 놀고 있는데 자기 이름을 왜 자꾸 부르냐고 따지네요. 그때 다른 선생님도 옆에 계셨거든요. 민망하고 당황스러웠어요. 다른 선생님한테는 그런 말을 안하는 것 같은데 왜 저한테만 그러는지 모르겠어요. '날 싫어하나?'라는 생각도 들어요. 이제는 은우가 저를 부르면 또 무슨 말을 할지 몰라 무서워요."

"아이쿠 선생님, 많이 당황했겠어요. 은우는 나한테도 그런 말을 자주 해요."

"네? 한 번도 못 들었어요. 은우는 원장 선생님을 엄청나게 좋아하잖아요."

은우를 처음 만난 건 은우가 4살이었던 어느 여름날이었습니다. 중국 칭다오 공항에 도착한 날, 어두컴컴한 공항 분위기와 경직된 사람들의 표정이 낯선 환경에 첫발을 디딘 나를 주눅 들게 했습니다. 하지만 잠시 후 나타난 반짝이는 눈부신 여름 바다의 아름다움에 감탄사가 절로 나왔습니다. 낯설어 불편했던 마음을 밀어내고 기대감과 흥분으로 채워졌습니다. 열대 나무가 쭉 늘어선 해변 길을 달리던 차가 끼익 멈춥니다. 지금부터 근무할 칭다오 한글유치원입니다. 조금 전에 본 화려한 바다 풍경과는 너무나 다른 마을 풍경과 나지막한 유치원 건물은 서글

프기보다 두려움으로 다가옵니다. 그때 누군가 손을 톡톡 두드립니다. 얼굴이 하얀 꼬마 아이가 쌩긋 웃는 얼굴로 빤히 쳐다보고 있습니다.

"누구세요? 왜 왔어요? 여기는 우리 유치원이에요. 나 지금 화장실 가요."

꼬마는 눈을 마주치려고 목을 길게 빼고, 있는 힘껏 위를 쳐다봅니다. 호기심 가득한 그 눈이 너무 귀여워 나도 모르게 스르르 아이의 키에 맞춰 쪼그리고 앉았습니다.

"잠깐만 기다려요. 나 금방 화장실 갔다 올게요. 같이 갈래요?"

아이는 아무 거리낌 없이 내 손을 잡고 화장실로 갑니다. 아이를 기다리고, 손 씻는 것을 도와주는데 아이가 얼굴을 빤히 쳐다봅니다.

"왜?"

"손이 왜 막대기처럼 생겼어요? 우리 엄마 손은 폭신폭신해요."

"얼굴이 왜 이렇게 작아요. 우리 엄마 얼굴은 커요."

아이는 처음 본 나를 자기 엄마와 비교하며 거침없이 말을 쏟아냅니다. 손이 왜 막대 같냐는 말에 당황해 다른 말은 하나도 들리지 않습니다. 자기 말을 듣지 않는다는 것을 눈치챘는지 불쑥 "근데 우리 유치원에 왜 왔어요?"라고 묻습니다.

"나는 내일부터 4살 반 선생님이 될 거야. 너는 몇 살이니?"

"나, 4살이요. 우리 선생님 할 거예요? 진짜 우리 선생님 할 거예요?"

아이의 생긋 웃는 모습이 나를 반기는 것 같아 손이 막대 같다는 말은 그새 잊어버리고 기분이 좋아집니다.

"응. 내일부터 4살 반 선생님 할 거야."

아이는 그 이야기를 듣더니 바로 뛰어갑니다. 교실 앞에서 신발을 벗고 뒤돌아섭니다.

"예쁜 선생님! 내일 우리 선생님 할 거죠? 진짜죠?" 다시 한번 확인합니다.

다음 날 유치원에 출근하니 아이들은 본 적도 없는 저를 모두 "예쁜 선생님"이라고 부릅니다. 그렇게 저를 예쁜 선생님으로 만들어 준 아이가 바로 '은우'입니다. 은우와의 첫 만남을 생각하니 괜히 웃음이 납니다. 그리고 나도 모르게 막대 같은 내 손을 들어 앞뒤를 살펴봅니다.

"선생님, 내 손 막대처럼 생겼죠?"

"네? 아니요. 누가 그래요?"

"나도 몰랐는데, 은우가 나를 처음 만난 날 내 손을 보고 막대 같다고 했어요. 그날이 내가 처음으로 내 손을 자세히 본 날이에요."

나는 손을 쑥 내밀어 선생님께 보여줍니다.

"선생님이 우리 유치원에 오고 얼마 안 지났을 거예요. 전체 모임 때 은우가 내 얼굴을 빤히 쳐다보더니 '선생님 눈에는 왜 이렇게 줄이 많아요. 징그러워요.' 이런 말도 했잖아요."

"그런 말을 했어요?"

"애가 한 말이지만 징그럽다는 말이 썩 기분 좋은 말은 아니잖아요. 잠시 기분이 나빴죠. 아니 조금 부끄럽기도 하고, 뭐 그랬어요. 근데 그 말은 그냥 은우가 보이는 대로 말한 거고, 나를 싫어해서 한 말은 아니에요. 그때 내가 뭐라고 했는지 알아요?"

선생님은 뒷이야기가 궁금한지 양손을 기도하듯이 모으고 목소리 톤을 살짝 올리며 재촉하듯이 묻습니다.

"뭐라고 하셨어요?"

"(눈가의 주름을 가리키며) 이 줄 보면서 선생님도 늘 고민이야. 이 줄은 웃으면 생기고 안 웃으면 사라지는 줄이야. 선생님은 많이 웃어서 줄이 많이 생긴 거야. 은우가 징그럽다고 하니 이제부터 안 웃어야겠다."

"진짜 그렇게 말했어요? 저 같으면 짜증이 나서 아무 말도 못했을 텐데. 은우가 뭐래요?"

"뭐라고 하긴요. 안된다고, 계속 웃으라고 하던데요. 선생님 눈 옆에 있는 줄은 예쁜 마법의 줄이라고 하던데요."

"예쁜 마법의 줄이요? 은우는 말도 참 예쁘게 잘하네요."

"선생님도 그렇게 생각하죠? 은우 말을 듣고 나서 나도 내 주름이 예쁜 마법의 줄이라고 생각하기로 했어요. 선생님! 사실 나도 애들이 하는 말에 쉽게 당황하고 기분 나빠지고 상처받아요.

말이라는 게 그렇잖아요. 하지만 분명한 건 애들은 좋아하는 사람한테 유난히 말을 많이 한다는 거예요. 은우가 선생님께 관심이 많나 보네요."

생각 노트

어른이 시스템 속에서 움직인다면 아이들은 그 순간의 느낌에 따라 즉흥적으로 움직이고 표현합니다. 즉흥적인 아이들의 모습은 어른을 불안하게 만들고 계획을 무너뜨립니다. 하지만 '즉흥(卽興)'은 아이가 그 순간에 집중하게 합니다. 집중한 아이는 스스로 내면에 잠자는 창의력을 흔들어 깨워 다양성을 향해 나아갑니다.

돌 하나에도 생명력을 불어넣는 아이들의 즉흥성(卽興性)은 서로 다른 것들을 결합해 새로움을 만듭니다. 이런 아이들이 만든 세상은 어른들이 모인 세상보다 훨씬 생동감 있고 풍성합니다. 우리가 아이를 바라보는 위치를 0.1도만 바꾸면 아이는 어른에게 한 번도 경험하지 못한 세상을 선물할 것입니다. 바로 더 신나고 행복한 세상을 말이죠!

17

설정 샷 너머 숨겨진 진실

스마트폰이 일상화된 후, 아이들의 활동사진을 공유하는 일은 부모와의 소통에 있어서 중요한 역할을 합니다. 백일사진, 여행 사진, 인생 네 컷 등, 사진을 찍을 때는 저마다의 목적이 있습니다. 부모님은 어떤 목적으로 아이들의 유치원 활동사진을 받아보고 계시나요?

수업 중 아이들의 활동 모습을 찍기 위해 핸드폰을 살짝 갖다 대면 아이들은 '브이'나 꽃받침을 하며 웃습니다. 어떤 아이는 주변에서 뭐라고 하든 신경 쓰지 않고 활동에 몰입합니다. 꽉 다문 입술과 손끝 가득 힘이 들어간 모습을 보면 그 순간만큼은 '찰칵' 소리로 아이를 방해하고 싶지 않습니다. 자연스러운 아이의 모습은 그 순간의 이야기와 함께 오랫동안 선생님의 기억 속에 남게 됩니다.

"선생님! 민서 웃는 연습 좀 시켜주세요. 사진 보면 다른 친구들은 활짝 웃고 있는데 민서만 표정이 굳어 있어요. 사진 찍을 때마다 웃으라고 말씀 좀 해주세요."

"활동 모습보다는 민서 얼굴을 중심으로 찍어주면 좋겠어요."

"선생님 민서는 왜 맨날 남자애들하고만 놀고 있어요? 다른 여자애들처럼 얌전히 앉아서 놀게 해주세요."

민서 어머니는 사진 속 내용보다 함께 찍은 친구들과 민서를 많이 비교합니다. 민서 어머니의 이야기를 듣고 민서 사진을 자세히 살펴봅니다. 민서 혼자 찍은 사진을 볼 때는 잘 몰랐는데 친구들과 함께 찍은 사진을 보면 민서의 무뚝뚝한 표정은 웃고 있는 친구들 틈에서 도드라져 보입니다. 그 모습을 보면서 어머니가 속상했을 것 같습니다. 그래서 민서의 밝고 환한 모습을 사진에 담기 위해 노력해 봅니다. 하지만 사진을 찍으려고 하면 굳어져 버리는 민서 얼굴을 환하게 만들기는 쉽지 않습니다.

하루는 민서 알림장에 "코감기가 걸린 것 같으니 한번 살펴봐 주세요"라고 적혀 있습니다.

"선생님~ 민서 봐요. 코가 엄청나게 많이 나왔어요."

민서와 함께 책을 읽고 있던 성민이가 민서를 가리킵니다. 민서는 책 읽기에 집중하느라 개나리처럼 누런 코가 입술에 닿

아도 코 닦을 생각은 안 합니다. 흘러내리는 콧물을 날름날름 빨아먹고 있습니다. 코를 닦아주려다 보니 오전과 달리 누런 콧물과 초록색 콧물이 섞여 있습니다. 어머니께 민서의 상태를 알려주려고 사진을 한 장 찍었습니다.

"어머니, 안녕하세요. 오전에는 누런 콧물이 많더니 점심시간 이후부터 누런 콧물에 초록색 콧물이 섞여 나오네요. 사진 보내니 민서가 집에 도착하면 한번 살펴보세요."

메시지와 함께 사진을 보내자 '띠링', 답장이 왔습니다.

"어머! 선생님, 예쁜 사진도 많을 텐데 코 나온 사진은 좀…. 센스가 없으시네요."

민서 어머니의 사진에 대한 피드백은 서서히 스트레스로 작용합니다.

하루는 작정하고 아이들의 도움을 받아 볼풀장에서 민서에게 사진 찍을 때의 표정과 자세를 연습시켜 봅니다.

"애들아, 민서 간지럼 태워보자. 민서야, 웃어~. 민서야, 선생님 따라 해봐~."

자연스럽고 생동감 있는 모습을 담아내기 위해 쉴 새 없이 연사 촬영을 합니다. 민서는 귀찮아하면서도 친구들이 간지럼을 태우고 우스꽝스러운 표정을 지으니 같이 웃습니다. 최대한 밝고 자연스러운 사진을 찾아보지만, 다른 친구들과 비교하면 민서의 표정은 어색함, 그 자체였습니다. 결국 저는 민서에게 시도했던 연기지도를 포기합니다.

아이들이 집에 돌아간 뒤 조용한 시간, 어머니들께 보낼 활동사진을 고르기 위해 모니터에 사진을 띄워봅니다. 수십 장의 사진 중에 예쁜 사진만 골라 어머니들께 보내고, 나머지는 '6세반 친구들 사진' 폴더로 옮깁니다. 저는 선택받지 못한 사진 속 아이들의 표정이 궁금해 폴더 안에 있는 사진을 하나씩 들춰봤습니다. 익살스러운 표정으로 개그맨 흉내를 내는 남자아이들의 모습 속에서 민서를 발견합니다. 민서 사진이 꽤 많습니다. 선택받지 못한 사진 속 민서는 참 바쁜 아이입니다. 혼자 노는 사진보다 우르르 몰려다니는 사진이 많습니다. 아이들의 모습은 아는 만큼, 또는 알고 싶은 만큼 보이나 봅니다. 사진을 보면서 민서의 놀이 모습이 떠올라 낄낄거리느라 퇴근 시간을 훌쩍 넘긴 줄도 모르고 있었습니다.

사진 1 쓰레기를 무심하게 들고 있는 민서

유치원 놀이터에 흙이 잔뜩 묻은 아이스크림 껍질이 있습니다. 친구들이 더럽다고 선생님을 부릅니다. 민서가 뚜벅뚜벅 걸어가더니 아무 거리낌 없이 껍질을 줍습니다. 친구들이 더럽다고 버리라고 합니다. 민서는 아이스크림 껍질을 보여주더니 무표정하게 "쓰레기는 쓰레기통이죠?" 하더니 성큼성큼 걸어가 쓰레기통에 던집니다.

사진 2 벽돌 블록을 끌어안고 바닥에 엎어져 있는 민서

민서가 지훈이와 함께 직사각형 종이 벽돌을 잔뜩 가져갑니다. 교실에 준비된 종이 벽돌을 다 옮기더니 높이 쌓아 올립니다. 그러더니 갑자기 무너뜨립니다. 벽돌이 사방으로 흩어집니다. 민서가 종이 벽돌 하나를 끌어안고 흩어진 종이 벽돌 사이에 엎어집니다. 그 모습이 너무 어정쩡하고 웃겨서 사진을 한 장 찍습니다. 교실은 바다, 종이 벽돌은 태풍이 무너진 배 조각, 민서는 조각 하나를 잡아서 헬리콥터를 기다리고 있다고 합니다. 헬리콥터는 왜 기다리냐고 하니 그건 지훈이가 안다고 합니다. 지훈이가 아빠가 보는 영화를 지나가다 잠깐 봤다고 합니다. 영화 〈타이타닉〉을 재현한 것입니다.

그렇습니다. 6살 민서는 잘 웃지 않는 아이입니다. 아니 자기 일에 집중하고 신나게 노느라 바빠서 카메라를 보면서 웃을 시간이 없습니다. 긴 머리와 원피스, 그리고 예쁜 구두를 자주 신는 민서의 겉모습은 누가 봐도 얌전한 여자아이입니다. 하지만 놀이시간이 되면 민서는 또래 아이들보다 행동도 과격하고 겁이 없으며 정적인 활동보다 동적인 활동을 더 많이 합니다. 세 살 위 오빠와 그의 친구들과 많이 놀았던 민서는 안전과 위험의 경계에 있는 놀이를 많이 알고 있었습니다. 경계선 위의 아슬아슬한 즐거움은 친구들의 시선을 사로잡습니다. 놀이 시간이 되면 민서 주위에는 부르지 않아도 친구들이 많이 모여듭니다. 그

런 민서의 성격은 그 순간의 이야기들과 함께 선택받지 못한 사진들 속에 고스란히 잠들어 있었습니다.

생각 노트

선생님들이 보내는 사진은 부모님들이 보지 못하는 아이들의 성장 이야기가 그대로 담겨 있습니다. 부모와 선생님은 사진을 매개체로 아이의 일상을 공유하고, 아이는 사진을 보며 자신의 이야기를 꺼냅니다. 사진에 담긴 아이의 표정은 아이의 생각이 그대로 표출된 것입니다.

하지만 현실은 성장하는 아이의 모습보다 부모가 좋아할 만한 사진을 찍기 위해 아이들의 집중력을 방해하고, 활동의 흐름을 끊습니다. 부모는 설정 샷을 보며 '내 아이 모습'이라고 착각합니다. 설정 샷은 조작입니다. 조작된 사진은 절대 진실을 말해 주지 않습니다. 하지만 오늘도 선생님은 설정 샷을 찍습니다. 자연스러운 사진은 말이 많지만 '조작된 아이 모습'은 침묵으로 엄마 얼굴을 미소 짓게 합니다.

18
하루에 세 번 오줌 싸는 아이의 감춰진 욕구

집에서는 배변 활동을 잘하는 아이가 유치원에 와서 자꾸 실수를 합니다. 아이의 행동은 성장 발걸음이라고 하지만, 이유를 알 수 없는 아이의 잦은 실수에 선생님은 답답합니다. 실수의 원인은 어디에 숨어 있을까요?

6살 화정이는 그동안 다니던 유치원을 뒤로하고 집 근처 병설 유치원으로 옮겼습니다. 그런데 3개월 뒤 화정이 아버지께서 불쑥 유치원에 오셨습니다.

"선생님! 우리 화정이 다시 받아주면 안 될까요?"

'학교를 가기 위해서는 큰 유치원을 다녀야 한다며, 가기 싫다는 아이를 억지로 옮기시더니 왜 갑자기?' 얄미운 마음에 금방 대답하지 않습니다. 하지만 왜 돌아오겠다고 하는지 궁금합니다. 이유를 물어보려고 화정이 아버지를 쳐다봅니다. 민망해서 선생님과 눈도 못 마주치고 테이블 위에 있는 핸드폰만 만지고 있습니다. 그런 분께 이유를 물어본다는 것이 왠지 상대를 괴롭히는 것 같아 궁금한 마음을 접었습니다.

3개월 만에 만난 화정이는 몰라보게 살이 빠졌습니다. 안아보니 너무 가볍습니다. 화정이는 말을 시켜도 대답이 없고, 눈도 마주치지 않습니다. 오랜만에 만난 친구들이 반갑게 맞이해주니 살짝 어설픈 미소를 보입니다. 하지만 친구들이 물어도 대답이 없고, 같이 놀자고 해도 의자에 가만히 앉아만 있습니다. 3개월간 무슨 일이 있었기에 이렇게 달라졌는지 걱정이 됩니다. 부모님께 여쭤봐도 이유를 모르겠다고 합니다.

2주 동안 말 한마디 하지 않던 화정이가 선생님 등을 툭툭 칩니다.

"선생님 배 아파요."

처음으로 말을 합니다. 반가운 마음에 화장실까지 데려다줍니다. 화장실에 간 화정이는 한참이 지나도 나오지 않습니다. 변비가 심한 아이라 좀 늦는다 생각하고 기다렸는데 30분이 지나도 오지 않아 화장실에 가봅니다.

순간 저는 눈 앞에 펼쳐진 상황에 소리를 지르고 손으로 입을 가렸습니다. 화장실은 발 디딜 틈이 없습니다.

바닥에는 똥이 찔끔찔끔 묻어있는 휴지들이 이리저리 널브러져 있습니다. 하얀 변기와 벽에는 똥으로 그림을 그려놨습니다. 아이의 다리와 엉덩이에도 점처럼 덕지덕지 묻어있는 똥을 보니, 머리가 어지럽고 토할 것 같습니다. 화정이는 깔끔한 아이라 바깥 놀이를 나가도 바닥에 그냥 앉는 법이 없습니다. 밥을 먹다 옷에 흘리면 바로 갈아입혀 달라고 합니다. 그런 아이가 화장실 벽과 자기 몸에 똥칠을 했습니다. 구역질이 나는 것을 참고 이유를 물어도 대답을 안 합니다. 그냥 초점 없는 멍한 눈으로 벽만 쳐다봅니다.

상황이 화가 나서 참기가 힘듭니다. 그런데 좁은 화장실에서 초점 없이 쳐다보는 아이의 눈이 더 무섭습니다. 저는 어느새 슬금슬금 뒷걸음질 쳐 벽에 기대고 말았습니다. 미끈한 무언가가 손에 느껴집니다. 짜증은 하늘을 찌를 것 같은데, 왜 하필 그 순간 초점 없는 아이 눈이 애원하는 눈으로 보이기 시작하는지.

저는 아이한테 들키지 않으려고 고개를 돌려 한숨을 쉬었습니다. 손에 비누칠을 잔뜩 하고 손을 빡빡 씻습니다. 킁킁 냄새를 맡아보지만, 손에서는 계속 똥 냄새가 나는 것 같습니다. 화장실 밖에서 아이들이 "선생님! 왜 안 나와요?"라며 문을 두드리며 부릅니다. 손 씻기를 포기하고 빨간 고무장갑을 낍니다. 똥 묻은 휴지를 검은 비닐에 담아 쓰레기통에 담습니다. 너무 세게 눌렀는지 '팍' 소리가 납니다. 순간 미안한 마음에 화정이 눈치를 한번 봅니다. 하지만 이렇게라도 감정을 쏟아내야 아이에게

화를 내지 않는다며 스스로 합리화를 시킵니다.

화정이를 깨끗이 씻기기 위해 고무장갑을 벗습니다. 통통했던 살이 다 빠져 뼈밖에 남지 않아 이리저리 밀리는 피부를 보니 눈물이 납니다. 손에 힘을 빼고 살살 씻어줍니다. 그런 다음 청소도구로 윤기 나게 화장실을 청소합니다.

교실로 돌아온 화정이는 아무 말 없이 자리에 앉아서 멍하니 친구들을 바라봅니다. 그런 화정이를 보니 이유를 알 수 없어 답답하면서 한편으로는 걱정이 됩니다. 그러다 아주 오래전, 처음 담임을 맡았을 때 만났던 오줌싸개 나연이가 생각났습니다.

5세 반이었던 나연이는 또래보다 키가 크고 말도 빨랐습니다. 하지만 키만 컸지 앙상하게 마르고 편식이 심해 엄마가 늘 걱정이 많았습니다. 나연이 집은 유치원에서 10분 거리에 있어서 매일 아침 엄마가 데려다줍니다. 아침마다 나연이는 유치원 가방을 메고, 어머니는 하얀색 에코백을 들고 옵니다. 에코백에는 하루에 오줌을 세 번 싸는 나연이가 갈아입을 팬티와 바지가 들어있습니다. 수시로 화장실을 데리고 가도 무조건 세 번은 오줌을 싸는 나연이.

하루는 제 무릎에 앉아서 동화책을 읽다가 제 새 원피스에 오줌을 쌌습니다. 또 하루는 감각 놀이 때 사용할 소금 무더기에 오줌을 싸 순식간에 교실 바닥이 소금물로 초토화된 적도 있습니다. 나연이 어머니와 제가 아무리 머리를 맞대도 배변 활동을 잘하던 나연이가 왜 갑자기 세 번씩 오줌을 싸는지 이해가 되지 않습니다.

그날도 나연이는 오줌을 싸더니 해맑게 옷을 갈아입혀 달라고 합니다. 나연이가 준비해 온 옷이 더 이상 없습니다. 벌써 여러 번 실수해 빨아놓은 옷은 건조대 위에서 말리고 있습니다. 유치원에 준비해 놓은 팬티와 바지를 꺼내려고 서랍을 열었더니 팬티가 하나도 없었습니다. 그날따라 실수한 친구가 여럿 있어서 팬티 상자가 텅텅 비어있었습니다. 빈 상자를 본 나연이가 "유치원 팬티! 유치원 팬티!"라고 외치며 대성통곡을 합니다.

빨아놓은 옷을 가져와서 갈아입혀 주려고 하니 싫다며 발버둥을 칩니다. 한 번도 이런 적이 없는 아이라 당황스럽고 초조하기까지 합니다. 유치원 팬티를 외치며 발버둥을 치는 나연이가 쉽게 울음을 그치지 않아 선생님들이 억지로 옷을 갈아입히느라 진땀을 흘렸습니다.

순간 머릿속을 스치는 생각이 있었습니다.

'설마 유치원에 비치해 놓은 팬티가 입고 싶어서 일부러 실수를 했을까?'

유치원에 비치해 놓은 팬티는 아이들이 좋아하는 캐릭터 팬티입니다. 순간 저는 나연이가 가져오는 팬티는 예쁜 레이스가 달린 하얀색 팬티였다는 게 떠올랐습니다. '혹시 나연이가 캐릭터 팬티를 입고 싶어 실수하는 건 아닐까?' 하는 생각이 들었습니다.

다음 날 아침. 어머니는 오늘도 나연이의 여벌 옷을 가지고 등원합니다. 마음에 담아 두었던 말을 할까 말까 망설이다 뾰족한 대안이 없기에 담아두었던 생각을 말해봅니다.

"어머니, 어제 나연이가 '유치원 팬티!' 하면서 울기에 혹시 캐릭터 팬티가 입고 싶어서 일부러 오줌을 싸는 건 아닌가? 그런 생각이 드네요. 생각해 보니 유치원 팬티를 갈아입히고 나면 말 안 해도 혼자서 화장실을 가고 팬티에 오줌도 안 싸요."

"에이 설마요. 잠시만요. (어머니는 뭔가 생각이 났다는 듯 에코백 속을 들여다보더니) 그러네요. 가져온 팬티가 세 개니까. 세 번 싸고 유치원 팬티로 갈아입은 거죠. 세상에, 다른 아이들도 이런 일이 있나요?"

"아이들마다 다르지만 그럴 수도 있을 거 같아요. 어머니, 오늘은 아침에 바로 유치원 팬티로 갈아입히면 어떨까요? 한번 해볼까요?"

조심스럽게 어머니의 의향을 물어봅니다. 엄마도 뾰족한 수가 없습니다.

이렇게 우리는 호기심과 기대를 품은 눈빛으로 나연이에게 유치원 팬티를 입혀봅니다. 오줌을 싸지 않았는데도 유치원 팬티를 입혀주니 나연이는 팬티를 만져보면서 "예뻐요. 이거 내가 좋아해요."라며 너무 행복해 합니다. 그러더니 정말 말하지 않아도 혼자서 화장실도 잘 가고 종일 한 번도 실수하지 않습니다. 귀가 시간에 나연이를 데리러 오신 어머니는 아침에 입고 간 바지를 그대로 입고 있다며 너무 좋아합니다.

저는 '나연이에게 이유가 있었듯 화정이에게도 이유가 있겠지'라는 생각이 들었습니다. 화정이는 찬 바람이 불고 첫눈이 내린 후에도 한참 동안 수없이 화장실 벽에 똥으로 그림을 그렸습니다. 여전히 말없이 친구들이 노는 것만 멍하게 쳐다보던 화정이가 어느 날부터 소리 없이 웃기 시작합니다. 친구가 말을 걸면 대답은 안 하지만 웃으며 슬그머니 같이 놀기도 합니다.

겨울방학을 앞둔 어느 날 오후, 화정이가 "선생님" 하고 몇 달 만에 처음으로 엉덩이를 쑥 들이밀며 무릎에 앉습니다.

"오랜만에 화정이가 선생님 무릎에 앉으니까 선생님 기분이 참 좋다."

"선생님, 그런데요…."

드디어 화정이가 속마음을 털어놓기 시작합니다.

화정이는 유치원을 옮긴 첫날, 바지에 똥을 쌌습니다. 변비가 있는 아이라 신호가 왔을 때 빨리 가야 합니다. 그런데 선생님께 배가 아프다고 했더니 잠시만 기다리라고 했답니다. 그 순간 참지 못하고 옷에 똥을 싸고 말았습니다. 부끄러워 말을 못 했는데, 화정이가 움직이자 염소똥처럼 똥글똥글한 똥이 바지 틈으로 빠져나옵니다. 마침 지나가는 친구가 똥을 밟았습니다. 똥을 싼 사실을 숨기고 싶었는데 들통이 나고 만 것이죠. 친구들은 화정이한테 똥냄새가 난다고 요란을 떨었고, 결국 같은 반 친구들과 선생님들까지 모두가 화정이가 똥을 싼 걸 알게 되었습니다.

화정이의 배변 실수에 놀란 선생님이 왜 미리 말하지 않았냐며 화장실로 데려가 똥을 치워줬다고 합니다.

처음 만난 아이가 변비가 있어 배변 활동이 원활하지 못해 참지 못하고 똥을 싸게 된 사정을 알 길이 없는 선생님의 "왜 말하지 않았어"라는 말은 탓하는 말이 아닙니다. '미안하다'는 말입니다. 하지만 처음 만난 선생님의 말이 아이에게는 무서움과 부끄러움으로 다가왔습니다. 그 후로 똥이 나오기 전 조금만 속이 불편해도 화장실에 가서 앉아있고, 똥이 잘 나오지 않자 손으로 똥을 꺼냈다고 합니다. 손에 똥이 묻으니 냄새나고 더러워 벽과 휴지에 그림을 그린 것입니다.

"화정아! 선생님은 화정이 아기 때부터 봤지? 화정이가 배 아프다고 할 때 바로 쑥하고 똥이 나온다는 거 다 알고 있어. 이제는 미리 화장실 가서 앉아 있지 말고, 똥이 나오려고 할 때 선생님한테 이야기하고 바로 가. 알겠지?"

생각 노트

아이들의 표현 방식은 겉으로는 비슷하지만 마음속 생각은 모두 달라서 어른의 눈에 쉽게 자신의 마음을 들키지 않습니다.

아이들은 마음속에 감춰진 욕구를 성공시키기 위해 누적된 자기경험 속에서 가장 효과적인 방법을 선택합니다.

선택된 방법은 반복된 행동으로 어른들에게 자신의 마음을 알려줍니다. 그래서 아이들은 자세히 들여다 봐야만 행동의 의미를 알 수 있습니다.

아이의 입장에서만 생각해 욕구를 충족시켜주면 이기적인 아이로 자란다고 걱정하는 어른들도 있습니다. 맞는 말입니다.

하지만 표현과 언어의 한계성 속에 있는 아이의 속마음을 알아차리기 위해서는 상황에 따른 이해와 단호함의 자유로운 이동이 필요합니다.

단호함과 이해 사이에서 유연함을 발휘하는 어른들을 보면서 아이들은 상황에 맞게 자신의 마음을 표현하는 방법을 배우게 됩니다.

19

선생님이 크고 든든한 우산이 되어줄게

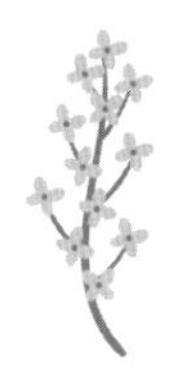

유치원에서는 부딪히고 넘어지는 것부터 시작해 안전사고가 끊이지 않습니다. 특히 겨울철에는 화상에 대해 특별히 주의를 기울여야 합니다. 만약 아이가 유치원에서 뜨거운 국에 화상을 입었다면, 우리는 각자의 위치에서 무엇부터 생각하게 될까요?

유치원을 멀리서 바라보면 아이들의 웃음소리, 노랫소리, 뛰어다니는 소리가 선생님 소리에 맞춰 발랄하고 질서 있게 움직이는 것처럼 보입니다. 하지만 한 발짝 더 들어가 보면 종일 작은 사건들이 이리저리 부딪히는 것을 목격하게 됩니다. 그 속에서 한순간도 긴장감을 늦추지 못하는 다소 경직된 선생님의 모습도 보게 됩니다.

겨울의 찬바람과 함께 석탄 냄새가 차가운 하늘을 조금씩 덮기 시작할 때, 중국 한인 유치원에서의 반복된 일상에 어느 정도 적응했다 생각해 긴장감을 조금 내려놓습니다. 바로 그런 순간에 꼭 사건 사고가 일어납니다.

제가 한인 유치원 교사 시절 겪었던 이야기입니다.

"아악!" 비명이 교실을 가득 채웁니다. 미술 시간, 아이들 옆에서 종이 오리기를 도와주던 저는 비명이 난 곳으로 뛰어갔습니다. 교실 입구에 미역국이 쏟아져 바닥은 엉망이 되어 있습니다. 지성이는 소리를 지르면서 방방 뜁니다. 얼른 교구장에서 가위를 꺼내 지성이를 안고 세면대로 뛰어갑니다. 바닥에 털썩 주저앉아 발버둥 치는 지성이를 끌어안고 수도꼭지를 틉니다. 얼음처럼 차가운 물이 닿자, 아이는 소리를 지르며 품에서 빠져나가려고 합니다.

한 손으로 아이를 끌어안고 다른 한 손으로는 아직도 뜨거운 김이 모락모락 올라오는 아이의 바지를 자릅니다. 차가운 물로 열기를 식힙니다. 물은 사방으로 튀어 지성이의 옷을 적십니다. 12월의 차가운 물이 주는 싸늘함은 두려움과 통증을 더 크게 느끼게 합니다. 지성이는 "차가워, 아파!"를 반복하며 목이 터져라 소리를 지릅니다. 바닥은 차가운 물과 나의 눈물이 뒤섞여 흥건히 젖어 있고, 그 얼음장 같은 물에 손끝도 점점 굳어 얼어가고 있습니다.

그사이 옆 반 선생님이 아이들을 진정시키고 두꺼운 외투를 가져와서 지성이 몸을 감싸줍니다. 지성이는 통증과 추위를 견디면서 20~30분을 차가운 물로 열기를 빼냈지만, 두꺼운 겨울 내의가 이미 아이의 발목에 붙어버렸습니다.

지성이 부모님이 유치원에 도착했습니다. "지성아!" 이름을 부르며 달려오는 엄마를 보더니 잠시 울음을 그쳤던 지성이가 더 크게 울기 시작합니다. 어머니는 제 품에서 지성이를 빼앗아 차에 올라탑니다. 한 시간 거리에 있는 화상 전문병원까지 가는 동안 차 안에는 지쳐서 잠든 지성이의 숨소리와 엄마와 제 눈에서 뚝뚝 떨어지는 눈물 소리만 들립니다.

병원에 도착했습니다. 지성이가 응급실에서 진료를 받는 동안 자리를 뜰 수 없어 병원 밖에서 왔다 갔다 했습니다. 원장 선생님과 교장 선생님이 도착해 저희는 지성이 부모님을 만나러 응급실로 갔습니다. 의사 선생님은 화상 부위가 너무 넓고, 특히 옷이 붙어있던 발목 부분은 2차 감염이 걱정되니 입원해서 치료받는 것을 권하십니다. 발목은 흉터가 심하게 남을 것 같다고 합니다. 흉터가 남는다는 말에 지성이 어머니는 중심을 잃고 비틀거리시다 겨우 참고 있던 눈물을 쏟아냅니다.

응급실에서 치료를 끝낸 지성이가 저를 발견하고는 "선생님~!" 하고 부릅니다. 미안함에 머뭇거리고 있으니 지성이 아버지께서 "선생님, 어차피 지성이는 최소 2주에서 길게는 한 달 정도 병원에 있어야 합니다. 많이 놀라셨죠. 아까는 경황이 없어서 인사도 제대로 못 했습니다. 이제 집에 가서 좀 쉬세요. 상황은 나중에 듣기로 할 테니 일단 가서 쉬세요. 선생님도 병나시겠어요."라며 오히려 저를 달래줍니다.

원장 선생님과 교장 선생님은 남아서 지성이 부모님과 이야기를 조금 더 하고 오겠다며 먼저 유치원으로 돌아가라고 합니다. 돌아오는 택시 안에서 저는 수업이 끝나기 전에 국 냄비가 왜 그곳에 있었는지 이해가 되지 않아 마음이 무거웠습니다. 유치원에 도착하자마자 주방 선생님과 보조 선생님을 만나서 어떻게 된 일인지 물었습니다.

상황은 이랬습니다. 미술 수업이 생각보다 길어지자, 식사 준비가 늦어질 것 같다고 생각한 보조 선생님은 주방에 준비해 놓은 미역국을 교실로 갖다 놓습니다. 그런데 그 국은 방금 가스레인지 위에서 내려놓은 것입니다. 평소 같으면 국을 식혀서 주방 선생님이 교실로 갖다 주는데, 마음이 급했던 선생님은 국 온도를 물어보지 않고 그냥 가져왔습니다. 미술 교구장 앞에 국 냄비를 놓고 다른 음식을 가지러 주방에 갔습니다.

"선생님, 국 냄비를 가지고 왔을 때, 지성이가 교구장 앞에 있는 거 못 봤어요?"

"봤는데, 국이 뜨거워서 식히려고 일부러 문 앞에 놔둔 거예요. 그런데 그걸 지성이가 밟았어요."

"애가 교구장 앞에 있는데 위험하게 왜 거기다 냄비를 뒀어요?"

"누가 국을 밟을 거라 생각했겠어요? 국 냄비를 봤으면 옆으로 걸어가야지. 지성이는 평소에도 교실에서 잘 뛰잖아요. 다른 애 같으면 아무리 국이 거기 있었어도 사고가 안 났을 거예요. 설치는 애라서 사고가 난 거잖아요. 뛰지만 않았으면 국 냄비에 발을 담글 일도 없었잖아요. 왜 하필 뛰어서…"

어린아이가 뛰어 노는 건 당연한 일입니다. 그런데 왜 하필 아이가 뛰었냐며 책임을 회피하는 모습은 병원에 누워있는 아이의 모습과 겹치면서 분노가 치밀어 올랐습니다. 그 사이 원장 선생님과 교장 선생님이 돌아오셔서 선생님들을 모두 교무실로 집합시켰습니다.

교장 선생님께서 지성이의 상태와 치료비에 대해서 말합니다. 예상되는 2주간의 입원비와 치료비는 그 당시 선생님이 받는 월급의 3배 정도였고, 보조 선생님이 받는 월급의 10배 이상이었습니다. 교장 선생님은 책임소재를 따져서 그 치료비와 이후에 일어날 수 있는 일에 대한 책임은 선생님들이 져야 한다고 말합니다. 이 유치원에서 가장 오래 근무한 보조 선생님은 사고가 나면 어떻게 나올지 짐작하고 있었다는 듯 교장 선생님의 말씀이 끝나기도 전에 일어납니다. 그리고 조금 전에 했던 이야기를 반복하며, 자신은 잘못이 없고 애가 잘못했기에 책임을 질 수 없다고 합니다.

유치원에서는 사고를 당해 놀랐을 선생님들을 위로하기보다 돈을 먼저 이야기합니다. 또 어떤 책임도 지지 않고 모든 잘못을 오직 교사에게만 다 떠넘기려는 그 모습에 어이가 없어 화도 나지 않습니다. 아직 사건의 충격에서 벗어나지 못한 저는 그저 멍하니 그들의 말을 듣기만 할 뿐, 어떤 말도 하지 못했습니다. 아무리 생각해도 이건 어른들의 부주의로 일어난 사곤데, 각자 입장에 따라 사고를 대하는 시선은 다른 것 같습니다. 저는 그날 처음으로 사고 자체보다 사고를 대하는 사람들의 태도가 더 무섭다는 것을 깨달았습니다.

다음 날, 퇴근 후 집이 아닌 지성이가 입원한 병원으로 갔습니다. 그런데 지성이 어머니께서 지성이를 못 만나게 합니다. 원장 선생님과 교장 선생님처럼 아이 걱정보다 치료비 걱정을 먼저 하는 사람들에게는 아이를 맡기고 싶지 않다며 돌아가라고 합니다. 어머니께서 너무 완강하셔서 아이는 만나지 못하고 별수 없이 발길을 돌립니다. 그 상황에서 제가 할 수 있는 것은 아무것도 없다는 사실이 더 슬프고 아픕니다.

그렇다고 마냥 손을 놓고 있을 수는 없습니다. 찾아보면 할 수 있는 일이 있지 않을까 생각하다 딱 하나 좋은 생각이 났습니다. 바로 병원에서 심심해하고 있을 지성이에게 그날 수업한 자료와 좋아할 만한 동화책을 챙겨서 갖다주는 것입니다. 그렇게 퇴근 후 병원 출근이 시작되었습니다. 지성이는 못 만났지만 지성이 어머니가 자료는 받아줬습니다. 그러던 어느날, 자료만 건네고 돌아가려던 저를 지성이 어머니께서 불러 세웁니다.

"선생님, 지성이가 어제 비행기 만든 거 선생님께 꼭 보여줘야 한다고 아까부터 선생님을 기다렸어요. 사실 애보다 치료비 걱정하는 분들을 보면서 아이 아빠 회사에 있는 변호사와 의논해서 제대로 보상 문제를 거론하려고 마음먹었어요. 선생님이 잘못한 것도 아닌데 매일 그 먼 길을 찾아오시는 거 보면서 고맙고, 지성이가 매일 이 시간이면 선생님을 찾는 거 보면서 감정을 추슬렀어요. 오늘 오전에 교장 선생님과 원장 선생님이 왔다 갔는데 면회를 거절했어요. 유치원에 가셔도 지성이를 만났다는 말은 하지 마세요. 솔직히 다른 분들은 꼴도 보기 싫어요."

그렇게 저는 원장님 몰래 한 달 동안 지성이와 매일 병원에서 만났습니다. 지성이 발목에 분홍빛 새살이 돋기 시작할 때, 모두의 기억 속에서 사고도 희미해져 갔습니다.

어느 더운 여름날, 덥다고 양말을 신지 않던 지성이가 발목의 흉터를 숨기기 위해 긴 양말을 신고 등원합니다. 제 두 눈이 지성이의 긴 양말에 머무는 것을 눈치챈 지성이 어머니는 이렇게 위로하셨습니다.

"선생님! 나중에 지성이가 어른 되면 성형수술 시킬 거예요. 그때까지 우리 지성이 잊지 말고 꼭 기억하세요."

생각 노트

아이들의 행동에는 항상 우발성이 숨어 있습니다. 아이들은 예기치 않은 일에 대한 인지능력이 미성숙합니다. 그래서 숨어 있는 우발성을 놓치지 않으려고 의식적으로 아이들의 행동을 관찰하고 환경을 점검하는 것은 교사의 몫입니다.

그리고, 유치원은 선생님들이 아이들에게 집중할 수 있도록 내.외부적인 시스템을 갖추어야 합니다. 유치원은 선생님들의 우산입니다. 비는 늘 내리지 않습니다. 하지만 비가 내릴 때 우산을 거두고 선생님 홀로 비를 맞게 하는 것은 아이들에 대한 사랑을 거두라는 뜻입니다. 선생님의 어깨 위에 지나친 책임을 지우면 선생님은 아이들을 사랑하는 자신의 마음과 상관없이 아이들에게서 조금씩 뒤로 물러나게 될 것입니다.

20

너희들은 나를 점점 더 좋은 선생님이 되게 해

엄마보다 선생님 말을 더 잘 따르는 아이, 좋은 것이 있으면 무조건 선생님께 선물로 주고 싶어 하는 아이. 이런 아이들의 적극적인 자기표현은 선생님에게 비타민 같은 역할을 합니다. 그러나 부모님들의 반응은 제각각입니다. 아이들의 적극적인 표현에 나는 어떤 반응을 보이는지 한번 들여다보는 시간을 가져볼까요?

"선생님, 혹시 우리 민경이한테 생크림 케이크 사 오라고 하셨어요?"

"아니요. 오늘 지원이 어머니께서 고구마 케이크를 보내주셨는데요. 민경이가 대뜸 선생님은 어떤 케이크를 좋아하냐고 묻길래 생크림 케이크를 좋아한다고 말한 건데요".

"아니, 선생님! 그렇게 말하는 건 애한테 사 오라는 말이잖아요."

"네? 그런 뜻이 아니었는데 민경이가 오해를 했나 보네요. 죄송합니다."

민경이 어머니는 불쾌한 듯 전화를 끊습니다. 그런데 전화기 저 너머로 신경질적인 목소리가 들립니다.

"너희 선생은 애한테 쓸데없는 말을 해서 돈을 쓰게 만드니!"

민경이 어머니가 전화기가 꺼졌는지 확인도 하지 않은 채 혼잣말을 한 겁니다.

아침 등원 시간은 아이들의 웃음, 울음, 자랑, 엄마 볼에 뽀뽀, 선생님의 인사, 가방 던지기, 털썩 주저앉기 등…. 무질서함 그 자체입니다. 그 카오스 속에서 아이들은 스스로 나름의 질서를 만들어 냅니다. 그때, 건너편 건물에서 "5세 반 선생님~ 전화 받으세요! 5세 반 선생님, 전화 왔어요."라고 다급하게 부르는 서무 선생님 소리에 가방 정리를 돕던 손을 멈추고 서무실로 뛰어갑니다.

"선생님, 안녕하세요. 태우 엄마예요. 바쁜 아침 시간에 전화해서 죄송해요."

어머니의 목소리에 미안함과 조급함이 그대로 드러납니다.

"선생님~ (잠시 머뭇거리시고는) 혹시 태우가 초록색 스카프 가져오지 않았나요?"

저는 어머니의 물음에 오늘 아침 유난히 부산했던 태우의 모습을 떠올렸습니다.

등원시간, 태우는 인사하는 것도 잊고 가방을 멘 채로 "선생님~" 하고 달려오면서 대뜸 이렇게 말합니다.

"선생님, 초록색 좋아하죠? 선생님이 좋아서 내가 선물 갖고 왔어요."

제 얼굴은 쳐다 보지도 않고 가방 속에서 스카프를 꺼내면서 말합니다.

"초록색이에요. 선생님이 좋아하는 초록색."

제가 대답할 틈도 주지 않고 스카프를 목에 감아줍니다.

"우와! 선생님이 초록색 좋아하는 거 어떻게 알았어?"

"선생님이 저번에 말했잖아요."

며칠 전에 소윤이가 초록색 머리띠를 하고 등원했습니다. 알림장에 '선생님, 소윤이가 초록색 머리띠를 하기 싫다며 아침에 짜증을 많이 냈어요. 번거로우시겠지만 잘 좀 달래주세요'라는 부탁의 메모가 있습니다.

아침 자유 놀이 시간에 소윤이는 머리띠를 부러뜨릴 것처럼 구부렸다 폈다 하며 장난을 치고 있었습니다.

"소윤아~ 초록색 머리띠 예쁘다. 선생님은 초록색을 제일 좋아하는데, 이 머리띠 한번 해봐도 될까?"

소윤이는 동작을 멈추고 입술과 눈썹을 동시에 위로 올리며 쳐다봅니다.

"선생님, 초록색 진짜 좋아해요? 나는 싫어요."

"왜 싫어?"

"어제 초록색 머리띠 했는데 언니가 나보고 나뭇잎 같다고 놀렸어요."

"진짜? 선생님도 한번 해보자. 해봐도 되지?"

소윤이는 부러질 듯 꽉 쥐고 있던 머리띠를 건네줍니다.

"어때, 소윤아. 거기 거울 한번 줘봐. 선생님도 나뭇잎 같니?"

옆에서 블록놀이를 하던 은빈이가 놀이를 멈추고 쳐다봅니다.

"선생님, 초록 머리띠 하니까 초록 사과 같아요. 예뻐요. 초록 사과처럼 예뻐요."

소윤이와 함께 소꿉놀이를 하던 태우는 눈을 반짝이며 이야기를 듣고 있습니다.

아마 그날의 일을 기억하고, '선생님은 초록색을 좋아해'라고 생각한 것 같습니다.

"우와~ 너무 예쁘다. 고맙다, 태우야."

제 반응이 만족스러운지 태우는 "예쁘다"라는 말을 여러 번 합니다. 저는 가방에 아무렇게나 쑤셔 넣어온 스카프를 보며 어머니께서 보낸 것이 아님을 짐작했습니다. 태우 어머니께 며칠 전 소윤이와 나눈 이야기와 오늘 아침 태우 모습을 전해줬습니다.

"아이고, 이 녀석이 진짜! 선생님도 아시죠? 태우가 파란색을 제일 좋아한다는 거. 그런데 며칠 전부터 자기는 파란색도 1번, 초록색도 1번으로 좋아한다고 하더니 다 이유가 있었네요."

태우 어머니는 아들 목소리까지 흉내 내면서 깔깔 웃습니다.

"어휴, 선생님. 그런데 아무리 선생님을 좋아해도 엄마가 받은 선물까지 갖다 드리는 건 좀 너무한 거 맞죠? 내가 어떻게 키웠는데! 얄밉기도 하고 괘씸하기도 하네요."

어머니는 아들이 선생님을 너무 좋아하니까 샘날 때도 있다고 합니다. 엄마 말은 안 듣고 말끝마다 "선생님이 이렇게 말했어. 선생님한테 물어봐." 이러니 한 대 쥐어박고 싶을 때도 있답니다.

"요즘 태우가 예쁜 액세서리를 보면 자꾸 유치원 가방에 집어넣어요. 아빠 빨간 넥타이를 가방에 넣은 적도 있어요. 그래서 제가 요즘 밤마다 몰래 태우 가방을 검사하고 있어요. 그 스카프는 어제 제가 생일 선물로 받은 거거든요. 태우가 그 스카프 어디서 샀냐고 따라다니며 묻더라고요. 그런데 아침에 태우를 보내고 외출하려고 옷장을 열었는데 스카프가 없잖아요."

태우 어머니의 이야기에 우리 모두 웃었습니다. 전화를 끊고 교실로 돌아온 저는 태우 몰래 예쁜 종이에 스카프를 포장하면서 생각했습니다.

태우는 정말 그랬습니다. 엄마가 맛있는 반찬을 하면 선생님도 같이 먹었으면 좋겠다며 작은 통에 담아옵니다. 제 수첩에 쓰인 글자를 보더니 자기도 선생님처럼 글자를 많이 쓰고 싶다며 낑낑거리면서 동화책을 필사합니다. 하루는 제가 어질러진 아이들의 신발을 정리하고 있었습니다. 옆에 와서 도와주던 태우가 갑자기 "자기 신발 자기가 정리할 사람 모여라!"라며 친구들을 향해 소리를 지릅니다. 그 소리에 아이들이 우르르 와서 신발을 반듯하게 정리하기 시작했습니다.

태우의 그런 모습은 태우 부모님이 저를 대하는 모습과 똑같습니다. 태우 아버님은 시간이 될 때마다 아침에 태우를 데려다줍니다. "태우야~ 안녕!" 제가 태우를 향해 손을 흔들면 아빠는 잡고 있던 태우 손을 놓습니다. 그 자리에 멈춰 서서 손을 배꼽에 놓고 허리를 90도로 숙여 인사합니다. 태우도 아빠를 따라 인사합니다. 그리고 저를 향해 "선생님, 오늘도 우리 개구쟁이 태우가 선생님처럼 멋진 사람이 되게 잘 살펴주세요. 태우! 오늘도 예쁜 선생님하고 재미있게 지내고 와." 이렇게 인사합니다. 그리곤 바로 돌아가지 않고 태우가 보이지 않을 때까지 손을 흔들어 줍니다.

태우의 이야기를 들어보면 태우 아빠는 제 앞에서뿐 아니라 집에서도 저에 대해서 긍정적이고 좋은 이야기를 하시는 것 같았습니다.

아침저녁 너무나 다른 말의 온도를 체감한 저는 태우네 가족을 떠올리며 생각했습니다.

'내가 하는 일이 참 귀하고 사랑받는 일이구나. 사랑받았으니

사랑을 내어놓는 사람이 되어야지.'

태우의 스카프를 통해 자신을 귀하게 여겨주는 작은 손길에 감사했습니다. 그리고 내가 하는 일이 얼마나 귀한 일인지, 앞으로 어떤 선생님이 되어야 하는지 점점 더 선명하게 그림을 그리기 시작합니다.

생각 노트

좋은 선생님은 개인이 만드는 것이 아니라 사회가 함께 만들어가는 것입니다. 선생님은 스스로 자기 일에 대한 중요성을 인식하고 자긍심을 가져야 합니다. 이런 마음자세는 현장의 힘든 상황에서도 아이들을 위해 스스로를 다독이며 의식적으로 노력하는 원동력이 됩니다.

하지만 이런 교사의 노력은 부모가 교사를 존중하고 인정할 때 교육 현장에서 펼쳐질 수 있습니다.

아이의 모방 능력은 스펀지 같습니다. 부모가 다른 사람을 존중하고 예의를 갖춰 대하는 모습을 보이면, 예의 바르지 않은 행동이 다른 사람에게 어떤 감정을 불러일으키는지 금방 알아차립니다. 모든 부모는 내 아이가 타인으로부터 존중받기를 원합니다. 내 아이가 존중받는 가장 빠른 길은 부모가 먼저 남을 존중하는 모습을 보여주는 것입니다.

21

똥에 대한 진실로 이어진 너와 나의 교감

교육 현장에서 일어나는 일은 선생님의 경험을 무색하게 만들 만큼 새롭고 낯선 일들이 많습니다. 특히 선생님들에게 아이들의 배변을 치우는 일은 킬러 문제처럼 쉽지 않습니다. 선생님들은 아이들의 배변을 치울 때 어떤 표정을 지으시나요?

담임 첫해, 개학 후 일주일이 지난 월요일 오후, 성훈이 어머니에게서 메시지가 왔습니다.

"선생님~ 상담 기간이 아닌데 찾아 뵈어도 될까요? 함께 의논해야 할 일이 생겼어요."

'함께 의논해야 할 일'이라는 말은 20대 어린 선생님의 의욕을 불태우기에 충분했습니다. 성훈이 어머님은 조심스러운 표정으로 유치원을 찾아오셨습니다.

"선생님, 얼마 전부터 성훈이가 자주 화장실을 가요. 유치원에서는 어떤가요?"

"(전체 관찰일기를 보여드리며) 다 같이 화장실을 데리고 가는데 특별히 다른 친구들보다 더 많이 가지는 않는 것 같아요."

어머니는 지난 주말 성훈이를 데리고 병원에 갔다 왔습니다. 몇 주 전에 다 같이 앉아 텔레비전을 보고 있는데 어디서 똥 냄새가 나서 보니 성훈이가 옷에 큰 일을 했습니다. 엄마는 식탐도 많고 한꺼번에 많이 먹어서 배탈이 났다고 생각했습니다. 하지만 갈수록 옷에 실수를 하는 빈도가 잦아져, 엄마는 성훈이를 데리고 병원에 갔습니다. 항문 근육에 이상소견이 보여 당분간 일주일에 세 번씩 통원 치료를 권유받았다고 합니다. 유치원에서 실수를 하게 되면 선생님이 힘드시니까 미리 상황을 알려주러 오신 것입니다.

회의 시간에 성훈이 어머니와의 상담 내용을 말씀드렸습니다. 원장 선생님께서는 "성훈 어머니가 걱정이 많겠네요. 선생님이 당분간 좀 더 신경을 쓰세요. 그런데 옷에 배변을 해도 너무 걱정하지 마세요. 애들 똥은 그렇게 냄새가 많이 안 나요. 향기가 난다 생각하면 금방 치울 수 있어요." 아직 아이들 똥을 치워본 경험이 없었던 저는 이때까지만 해도 그 일이 그렇게 힘든지 몰랐습니다.

며칠 후, 수업 중에 성훈이가 바지에 큰 일을 보고 말았습니다. 수업 중이어서 보조 선생님이 화장실로 데리고 갔습니다. 잠시 후, 보조 선생님이 급하게 교실로 뛰어 들어옵니다.

"선생님~ 성훈이가 바지를 안 벗겠대요. 계속 선생님만 찾아요. 제가 하면 되는데 어쩌죠?" 보조 선생님께 수업을 맡기고 얼른 뛰어가 보니 바지를 입은 채 그대로 변기 위에 앉아있습니다. 성훈이를 일으켜 세우고 바지를 벗기는데 똥이 바닥으로 떨어집니다. 지독한 냄새가 순식간에 화장실 안을 가득 채웁니다. 역겨운 똥 냄새 속에 조금 전까지만 해도 불타던 의욕은 스르르 꺼져버렸습니다.

현실 속 똥 냄새는 결코 무향이 아니었습니다. 향기롭다고 생각해도 그 냄새는 향기로 바뀌지 않습니다. 성훈이가 싼 똥의 양은 상상 이상입니다. 화장실 안은 그새 지독한 냄새로 가득 채워졌습니다. 똥 냄새에 짓눌린 떨떠름한 분위기 속에 성훈이는 제 반응을 살피기 시작합니다. 저는 억지로 웃어보려 했지만, 냄새가 웃음을 막아서서 비켜주지 않습니다. 저는 성훈이 몰래 숨을 쉬고 싶어 고개를 푹 숙입니다.

''괜찮아~'라고 할까? 그런데 내 표정에서 다 드러날 거야. 성훈이도 자기 똥 냄새가 지독하다는 걸 지금 느끼고 있을 거야. 차라리 정직하게 말할까?' 저는 숙였던 고개를 천천히 들면서, 간신히 한마디 건넸습니다.

"성훈아~ 똥 냄새 많이 나지?"

"네. 선생님도 냄새가 나요?"

"응. 엄청 많이 지독해. 우리 같이 참아볼까? 성훈이가 잘 참아주면 선생님도 참을 수 있을 것 같은데~." 성훈이는 잘 참겠다고 합니다. 저는 코를 잡고 "으~ 성훈이 똥 냄새" 하며 우스꽝스러운 표정을 지었습니다. 제 모습에 성훈이도 긴장이 약간 풀리나 봅니다.

"흐흐흐~. 크크크. 선생님, 웃겨요~."

"성훈이도 냄새 많이 나면 코 꼭 잡고 있어~."

이렇게 세상에 태어나 처음으로 남의 배변을 치워봅니다.

아이들은 처음부터 알고 있었습니다. 똥 냄새는 절대 향기로운 꽃냄새가 될 수 없다는 것을요.

진심이 담기지 않은 "괜찮아~."라는 말보다는 "똥은 냄새가 난다. 똥 냄새는 우리 둘 다 싫어하는 냄새다"라는 정직한 말이 그 순간 선생님과 아이를 하나 되게 만들었습니다. 그리고 함께 참아내게 했습니다. 이렇게 저는 조금씩 '진짜 선생님'이 되어가는 것 같습니다.

생각 노트

아이들의 세계에서 일어나는 일들은 선생님이 어릴 때 이미 경험했기에 그 문제들을 능숙하게 해결할 수 있다고 자신합니다. 어른들은 똥 냄새를 참고 이겨낼 수 있다고 생각하지만, 아이들에게 똥 냄새는 극복해야 할 대상이 아닙니다. 즉각적으로 코를 막고 인상을 찌푸리게 만드는 더러움의 대상입니다. 이것이 아이들은 알고 어른들은 잊어버린 '똥에 대한 진실'입니다.

아이들이 발생시키는 일은 자신감과 느낌으로 해결할 수 없습니다. 아이들의 세계에 입장하는 순간, 우리의 겉사람은 선생님으로 불리게 됩니다. 하지만 우리의 속사람은 선생님이 되어가는 과정 어딘가에 있습니다. 사건이 일어나면 아이들은 '더러운 건 더럽다' '냄새나는 건 냄새난다' 정직하게 접근합니다. 선생님이 아이와 같은 정직한 눈으로 사건을 대할 때 아이들과 선생님 사이에 공감대가 형성됩니다. 그렇게 하나로 묶인 마음은 그 일을 극복하기 위해 함께 해결책을 모색합니다. 아이들과의 공감대가 하나둘 쌓이는 과정을 우리는 '선생님이 되어가는 과정'이라고 부릅니다.

22

육아서와 현실 육아 사이에서

처음 부모가 되는 사람들은 '좋은 엄마, 좋은 아빠가 될 수 있을까'라는 불안감에 휩싸입니다. 이때 절대적 기준처럼 등장하는 것이 바로 '육아서'입니다. 육아서는 육아의 보편적인 기준치를 보여줍니다. 그렇다면 이런 평균적인 수치가 부모의 불안감을 해소시킬 수 있을까요?

아이들이 새로운 환경에 뛰어들면 부모는 당연히 걱정할 수밖에 없습니다. 특히 내 아이가 소심하고 느리다고 생각하는 경우, 실은 전혀 걱정하지 않아도 되는 상황이라도 불안은 여전히 남아 있습니다.

준호의 등원 시간은 다른 친구들보다 훨씬 늦은 10시 30분

전후입니다. 늦게 등원하는 이유도 매번 다릅니다.

"늦게 일어났어요. 자는 아이를 깨우기가 안타까워서요."

"유튜브 보면서 밥을 먹이니까 늦네요."

안타까워하는 엄마와 달리 저는 덤덤하게 웃습니다.

오늘도 준호는 엄마와 함께 유치원 모래 놀이터에서 배회합니다. 짧게는 5분, 길게는 1시간을 엄마와 함께 놀면서 오늘 하루 유치원에서 어떻게 지낼지 이야기를 나눕니다. 그런 뒤 "준호야, 이제 교실에 들어갈까요?"라고 물어본 후, 아이의 허락이 떨어지면 그때 놀이를 정리하고 교실로 들어옵니다. 헤어지는 인사를 할 때 준호는 항상 울먹이고, 어머니는 손을 흔들며 차가 있는 곳까지 뒷걸음질하며 걸어갑니다.

준호가 등원하면 반갑게 맞이하던 친구들도 어느 순간부터 '준호는 늦게 오는 아이'로 인식해 결석해도 물어보는 아이가 없습니다. 늦은 시간 교실에 들어와도 아는 척하는 친구가 점점 줄어듭니다. 늦게 등원하니 놀이시간이 줄어들어 친구들과의 친밀감도 낮아지고 상호작용이 잘되지 않습니다. 또 원하는 교구를 마음껏 가지고 놀 수 없으니 욕구 불만이 생겨서 놀이할 때 짜증도 늘어납니다.

그날도 준호는 평소 때와 다름없이 늦게 등원했습니다. 마침 아빠가 쉬는 날이어서 두 분이 함께 준호를 데리고 왔습니다. 차에서 내린 엄마와 준호는 평소처럼 유치원 현관이 아닌 모래 놀이터로 걸어갑니다. 그 모습을 본 준호 아버지는 당혹스러운 표정을 지으며 이렇게 묻습니다.

"선생님, 설마 매일 저러는 건 아니죠?"

"아니요. 매일 저렇게 놀다가 교실로 들어가요."

준호 아버지는 모래 놀이터를 쳐다보다가 시계를 한번 보고 답답한지 준호에게 다가갑니다. "준호야, 이제 교실에 들어가. 아빠 회사 가야 해."라며 억지로 손을 잡고 데리고 옵니다. 울상이 된 준호를 보며 엄마는 못마땅한 눈으로 아빠를 쳐다보지만, 아빠는 그 시선은 무시하고 엄마를 이끌고 차를 탑니다.

며칠 후, '선생님, 준호 일로 상담하고 싶은데 가능한 시간 알려주시면 맞춰서 가겠습니다'라며 준호 아버지에게서 메시지가 와 있습니다. 정해진 시간보다 10분 일찍 도착한 준호 아버지는 마음이 급하신지 신발을 벗으며 이야기를 시작합니다.

"평소 아내의 교육철학과 육아법을 존중하고 지지했습니다. 그런데 며칠 전, 교실이 아닌 모래 놀이터로 향하는 아내와 아들의 모습을 보고 충격을 받았습니다. 솔직한 선생님의 의견이 듣고 싶어 왔습니다."

"어떤 부분에 충격을 받았는지 말씀해 주실 수 있으세요?"

"처음 유치원에 입학했을 때는 적응을 위해 그럴 수 있다고 생각해요. 주말에 준호를 데리고 키즈카페나 놀이터에 가보면 내성적인 것처럼 보이지만, 모르는 애들하고도 금방 친해져서 잘 놀거든요. 놀 때는 남자아이 특유의 적극성도 나오고, 엄청 활발하게 놀아요. 유치원에 입학한 뒤로도 지금까지 안 간다는 소리를 한번도 한 적이 없어서 벌써 적응했다고 생각했습니다. 그런데 늘 이렇게 바로 유치원으로 향하지 않고 놀이터에서 미적거리다 들어갔다고 생각하니 무언가 잘못됐다는 느낌이 들었습니다. 선생님이 보시기에 지금처럼 저러면 초등학교 가서 큰 문제가 생기는 건 안 봐도 뻔하지 않아요? 어떻게 생각하세요?"

"이런 이야기 어머니한테도 해보셨어요?"

"그날은 도저히 화가 나서 이야기를 안 하고, 어제 이야기했어요. 근데 준호 엄마는 내성적인 아이는 강압적으로 하면 안 된다고 계속 주장해요. 유치원 앞에서 애가 표정이 시무룩하면 아이 마음이 열릴 때까지 기다려줘야 된다고 말하네요. 그런데 저는 준호가 엄마의 약한 마음을 이용해 자기 마음대로 하는 건 아닌지 그런 의문도 들어요. 세 살 버릇 여든까지 간다고 제일 첫 기관인 유치원에서 저러는데 학교에 가면 더하면 더했지, 좋아지지 않을 겁니다."

사실 준호는 첫 등원을 하고 2주 정도 지나서부터는 엄마와 헤어질 때 조금 아쉬워했지만 울지 않았습니다. 유치원 현관에서서 엄마 차가 떠나는 것을 확인하고 나면 바로 교실로 들어가서 친구들과 어울렸습니다. 그 모습을 동영상으로 찍어서 보여줬지만, 어머니는 준호의 적응을 인정하지 않았습니다. 유치원에 왔을 때 혼자 신발을 벗지 않고 가만히 서 있는 준호의 모습은 들어가기 싫어하는 모습이라고 했습니다. 그러면서 아이들은 기질에 따라 다루어야 한다며 육아서에서 본 준호의 기질에 맞는 육아 방법을 선생님에게 알려줍니다.

준호가 유치원에 도착해 신발을 벗지 않았던 것은 신발 끈이 워낙 꽉 묶여 있어 혼자 풀지 못했기 때문이었습니다. 또 혼자 신발을 신지 못하는 건 엄마가 도착하면 늘 무릎을 꿇고 신발을 신겨주기 때문입니다. 그런데 어머니 눈에 준호는 선천적으로 예민하고 내성적인 아이라 억지로 밀어 넣어 급하게 서두르면 불안해한다고 생각합니다. 정서가 안정된 아이가 공부도 잘한다며 조금만 더 기다려 달라고 했지만, 2주는 3개월이 되고, 3개월은 한 학기를 넘어갔습니다.

"준호는 혼자서 신발을 신어본 게 몇 번 안 됩니다. 외출할 때도 준호 엄마가 신발을 다 신겨주고 외투 단추도 하나하나 다 채워줍니다."

"솔직하게 말씀드리면 저 상태로 초등학교 가면 엄마가 복도에 의자를 놓고 앉아서 기다려주셔야 될 것 같아요. 준호는 혼자서 할 수 있는 게 별로 없어요."

준호 아버지는 앞에 놓인 커피잔을 이리저리 돌립니다. 답답한지 식어버린 커피를 단숨에 마시고는 창밖만 뚫어져라 쳐다봅니다. 37살에 결혼한 준호 엄마는 느즈막한 나이인 40에 준호를 낳았습니다. 젊은 엄마들에 비해 육아정보가 부족하면 아이가 뒤처질 수 있다는 불안감에 시중에 나와 있는 육아서와 심리 관련 서적을 탐독합니다. 하지만 책은 안정감보다 일러준 대로 하지 않으면 문제가 생길 수 있다는 불안감만 더 키웠습니다. 준호 아버지는 엄마의 지나친 염려와 사랑이 아이의 성장을 방해하고 있다고 생각합니다. 상담 이후 준호 부모님은 많은 이야기를 나누면서 단체 생활에 적응시키기 위해서는 하나씩 규칙을 익혀나가야 한다는 생각에 합의했습니다.

제일 처음 실천한 것은 아침 등원 시간을 지키는 것입니다. 일찍 등원하기 시작한 준호는 처음 며칠 동안은 피곤한지 짜증도 자주 내고 책상에 엎드려 있는 시간이 많았습니다. 하지만 시간이 지날수록 친구들과 함께 여유롭게 활동하면서 단체 생활의 즐거움을 조금씩 느끼기 시작했습니다. 친구들과 함께 노는 시간이 길어지면서 소통이 서툴러 크고 작은 부딪힘은 있었지만, 표현법도 익히고 스스로 해결하는 방법도 찾았습니다. 준호는 느리지만 하나씩 환경에 적응해나가면서 다른 아이들보다 늦었다고 불안해하는 엄마의 마음을 뛰어넘고 있었습니다.

생각 노트

호수 건너편에 서서 숲을 바라보면 무성하게 우거진 하나의 커다란 숲만 보일 뿐 숲을 가득 채우고 있는 여러 종류의 풀과 작은 나무들은 보이지 않습니다. 또래들의 발달 평균값이 '숲'이라면 개인차는 '나무'입니다. 아이들의 발달은 일정한 속도로 진행되는 것이 아니라, 환경 속에서 자신만의 속도를 찾고 조절하며 끊임없이 변화합니다. 변화의 과정에서 자신만의 고유한 색과 질감, 그리고 무늬를 만듭니다.

부모는 숲과 나무를 모두 볼 줄 아는 안목을 갖추고, 이 둘 사이에서 균형 잡힌 시각을 가져야 합니다. 어느 한쪽으로 치우치거나 집착하게 되면 방향을 잃어버리게 됩니다. 숲을 말하고 있는 육아서는 참고서적일 뿐 절대적인 기준이 될 수는 없습니다. 육아의 핵심 환경은 엄마가 아닌 엄마+아빠, 즉 '부모'입니다. 엄마와 아빠가 서 있는 곳은 달라도 같은 곳을 바라보며 사랑으로 자녀를 양육할 때, 비로소 부모의 마음을 가리고 있던 안개 같은 불안감은 사라집니다. 안개가 걷힌 그 자리에는 오늘도 여전히 자신만의 색을 반짝반짝 빛내고 있는 아이가 서 있을 것입니다.

23

호기심 천국인 아이들에게 안전보다 중요한 것

열이나 불 등을 사용하는 수업을 할 때는 수업 시작 전 안전에 대해 아이들에게 반드시 설명을 해줘야 합니다. 하지만 호기심 대장인 아이들에게는 안전보다 더 중요한 것이 있습니다. 그게 무엇일까요?

선생님은 커다란 도화지를 펼칩니다. 도화지 위에는 '3D 펜을 사용할 때 지켜야 할 약속'이 커다랗게 적혀 있습니다.

<3D 펜을 사용할 때 지켜야 할 약속>

A(펜촉)
① 펜촉이 뜨거워요. 만지지 않아요!
② 노즐이 녹으면 뜨거워요. 만지면 다쳐요.
③ 냄새가 많이 나요. 마스크를 벗지 않아요.

B(필라멘트 주입구)
① 다른 것을 넣지 않아요.

"앞에 있는 그림과 글자 잘 보이죠? 우리가 재미있게 활동하기 위해서는 안전 약속을 잘 지켜야 해요. 어떤 약속이 있을까 같이 한번 볼까요?"

"네, 선생님."

"펜촉과 노즐은 아주 뜨거워요. 노즐은 천천히 녹아요. 그런데 우리 친구들이 빨리빨리 하고 싶어서 노즐을 잡아당기면 뜨거워서 화상을 입어요. 화상이 뭔지 알죠?"

"선생님, 빨리하고 싶어요."

설명을 기다리지 못하고 보채는 친구도 있습니다.

"자, 따라 읽어봐요. (A 부분을 가리키며) 펜촉이 뜨거워요. 만지지 않아요."

"노즐이 녹으면 뜨거워요! 만지면 다쳐요."

"냄새가 많이 나요. 마스크를 벗지 않아요."

"(B 부분 필라멘트 주입구를 가리키며) 다른 것을 넣지 마세요."

아이들은 빨리하고 싶은 마음에 선생님 말씀이 끝나기도 전에 따라 읽습니다. 읽기보다 소리를 지릅니다.

설명 후, 선생님은 교실을 돌면서 아이들에게 준비물을 나눠주고 마스크를 제대로 착용했는지 확인합니다. 그사이 보조 선생님은 여자아이들이 편안하게 활동할 수 있도록 올림머리를 만들어줍니다. 마스크와 장갑을 착용한 것을 모두 확인한 선생님은 환기를 위해 창문을 열었습니다.

"오늘은 아빠에게 드릴 꽃을 만들어 봐요. 우리 친구들 아빠가 좋아하는 꽃을 한번 떠올려보세요. 그리고 앞에 있는 종이 위에 먼저 한번 그려보세요."

"아빠는 꽃을 안 좋아하고 술을 좋아하는데요. 꽃은 엄마가 좋아해요. 엄마가 좋아하는 꽃 만들어도 돼요?"

어떤 꽃을 그려야 할지 난감해하는 친구들도 있지만, 친구들과 이야기를 나누는 사이에 아이디어가 퐁퐁 솟아나는지 개성 있는 꽃들을 그립니다.

"펜에 전기가 들어오면 필라멘트가 나오는 부분은 뜨거워지니 만지면 다친다고 말했죠. 친구 얼굴에 가져가면 절대 안 돼요. (필라멘트를 보여주며) 여기 색깔이 아주 많이 있으니까 서두르지 말고 천천히 조심히 해보세요. 답답해도 장갑과 마스크 벗지 말아요."

선생님은 혹시나 아이들이 호기심으로 장갑을 벗고 펜을 만질까, 펜을 들고 이야기하다 친구 얼굴에 부딪힐까 끊임없이 했던 말을 반복합니다. 그리고 잠시도 아이들에게서 눈을 떼지 않습니다. 긴장된 선생님들의 마음과는 반대로 아이들은 진지하고 차분하게 아빠께 갖다 드릴 꽃을 만들고 있습니다. 수업이 끝나갈 즈음, 물건들을 정리하고 마스크와 장갑을 벗은 아이들의 얼굴과 손을 점검합니다. 다친 친구가 없다는 것을 확인한 후에야 선생님은 자리에 앉습니다.

그런데 수업이 끝난 뒤 선생님으로부터 뜻밖의 이야기를 들었습니다.

"원장님~ 조금 전에 도연 어머니께 전화가 왔어요. 도연이 집게손가락에 물집이 터져서 왔대요. 도연이가 펜촉을 만지다가 그랬다고 하던데요. 수업 중에 장갑을 벗는 것도 못 봤고, 집에 가기 전에 손과 얼굴을 다 확인할 때도 괜찮았거든요. 혹시 몰라 제가 일일이 다 확인했어요. 수업 끝날 때까지 도연이도 아무 말이 없었어요. 어머니 말씀으로는 빨갛게 데인 곳에 물집이 올라와서 아이가 집에 오는 길에 터뜨렸다고 하네요."

"물집이 생겼다면 많이 따가웠을 텐데. 아이도 어머니도 놀랐겠어요. 상처 부위가 아주 크다고 하던가요?"

"그런 말씀은 없으셨는데 어머니가 화가 많이 나셨어요. 처음에 어머니께서 수업 중에 별일 없었는지 물어보셔서 수업 관련된 이야기만 했어요. 근데 비아냥거리듯 애가 다쳤는데도 모르고 계신 것을 보니 선생님은 애들한테 관심이 없는 것 같다고 하시잖아요. 무슨 일인지 여쭤보니 그제야 손가락에 화상을 입은 것도 모르고 있냐며 아이들을 세심하게 좀 챙기라고 하시네요. 도연이가 다쳐서 속상하고 죄송해서 사과하고 마무리는 했는데 저도 참 기분이 나쁘네요."

선생님의 목소리에서 속상함과 억울함이 전해집니다.

"그런데 원장님, 제가 신경을 안 쓴 것도 아니고, 다치게 한 것도 아니잖아요. 손에 물집이 생겼다는 건 도연이가 약속을 안 지키고 장갑을 벗었다는 건데 아무 잘못도 없는 제가 왜 그런 말을 들어야 하는 건지 정말 억울하고 자존심이 상해요."

감정이 격해졌는지 선생님의 목소리가 떨립니다.

"원장님, 도대체 교사의 책임은 어디까지인가요?"

"안전이 최우선인 부모로서는 엄마가 보낸 그 모습 그대로 엄마 품으로 돌려보내는 것이겠죠."

"그럼 제가 모를 때 일어난 일도 제 책임이라 생각하고 사과해야 하는 건가요?"

"방금 말했잖아요. 안전이 최우선인 부모 입장에서는 아침에 보낸 모습과 다르면 속상하고 화가 난다고요."

이렇게 말을 했지만 저도 속으로는 도연 어머니의 반응에 조금 속이 상했습니다.

선생님의 설명을 통해 선생님이 아이를 소홀히 대한 것이 아님은 충분히 느낄 수 있었습니다. 차라리 솔직하게 "애가 다쳤는데 선생님께 아무런 연락이 없어서 조금 서운했어요. 선생님 설명을 듣고 나니 위험한 상황에서 그만하길 다행이네요. 저도 우리 도연이한테 다음부터 도구를 사용할 때는 약속을 잘 지키라고 이야기할게요. 위험한 도구를 사용할 때는 힘드시겠지만 조금 더 세심히 살펴주세요. 그리고 도연이는 크게 다친 게 아니니 걱정 안 하셔도 돼요. 선생님, 오늘도 수고하셨어요."라고 말한다면 선생님은 서운하고 억울한 마음 대신 속상해했을 어머니 마음을 먼저 헤아렸을 것입니다.

오는 경우가 많습니다. 또 서류에 적힌 아이들의 발달 수준과 실제 발달 수준에 차이가 있어 수업 준비에 많은 시간이 필요합니다. 준비해야 할 일이 산더미같이 많다 보니 출근 시간은 있지만 매번 퇴근 시간은 불투명합니다.

"원장님! 진짜 너무 한 것 같아요. 밤늦게 불쑥 전화 와서 예성이가 배가 아프다고 하면서 낮에 뭘 먹었냐고 물어보세요. 점심 메뉴는 식단표로 다 나갔는데, 왜 밤 10시에 불쑥 전화 와서 물어보는 건지. 전화를 늦게 받았더니 왜 늦게 받냐고 따져 묻기까지 하셨어요. 시도 때도 없이 제발 전화 좀 안 하셨으면 좋겠어요."

"원장님, 진짜 퇴근 후에 전화하시면 안 받을 수도 없고, 받자니 말이 길어질 것 같고 참 난감해요."

"톡을 보내시고 답이 늦다고 짜증도 내세요. 밤에 톡이 왔는지 안 왔는지 어떻게 매번 확인을 하고 답을 보내겠어요."

퇴근 후뿐 아니라 밤늦은 시간, 부모가 편리한 시간에 아무 때나 전화를 하고 메시지를 보내는 것은 일 년 내내 선생님들을 힘들게 하는 일입니다.

회의 시간, 오늘은 선생님들과 어머님들로부터 오는 전화에 관해 이야기를 나눕니다. 선생님들께 상담 전화가 오는 시간과 통화 내용을 매일 기록하라고 했습니다. 선생님들은 힘든 일은 아니지만, 시간까지 기록하는 일이 추가되니 썩 달가워하지는 않습니다. 하지만 저는 선생님들의 표정을 잠시 모른 척합니다.

한 달이 지났습니다. 한 달 동안 반별로 전화 오는 시간을 분석해 봅니다. 4시~7시, 즉 퇴근 시간 전후에 가장 많이 옵니다. 밤 10시 이후에 전화가 오는 경우도 많습니다. 밤늦은 시간 통화 내용을 보니, 대부분이 궁금할 수는 있지만, 내일 물어봐도 아무 문제가 없는 내용입니다.

선생님에게 퇴근 후 시간은 선생님이라는 서랍장 안에 아이들 한 명 한 명의 성장 기록을 담는 시간입니다. 하루 동안 유치원에서 있었던 크고 작은 감정들을 덜어내고, 내일을 위해 리셋시키는 시간입니다. 그 시간이 확보되지 않으면 어제의 감정을 고스란히 담은 채 오늘의 아이들을 만나게 됩니다. 그것이 반복되면 걸러내지 못한 감정은 흘러넘쳐 고스란히 아이들에게 전달됩니다.

그만큼 퇴근 후 선생님의 휴식 시간은 선생님뿐 아니라 아이들을 위해서도 중요한 일정입니다. 저는 선생님들께 '휴식의 중요성'을 설명합니다. 공감한 선생님들은 부모와의 원활한 소통을 위한 대책 마련으로 다 함께 머리를 맞대었습니다.

1. 모든 부모님께 일주일에 한 번 전화하기

(알림장을 매일 쓰기 때문에 전화는 일주일에 한 번)

2. 반드시 전화해야 하는 경우

★아침에 울면서 등원한 아이 : 어머니가 걱정하지 않게 중간에 짧

은 메시지 보내기

★결석한 아이 : 아침에 어머니께 메시지 남겨놓고 오후에 전화하기

★워킹맘 : 알림장 내용을 사진으로 보내주기, 통화할 수 있는 시간 조율하기

★다친 아이, 대소변 실수를 한 아이 : 상황을 알림장에 적고, 아이가 집에 도착하기 전에 전화하기

이렇게 전체 지침과 연령별 지침을 정리한 후, 학부모님들께 공문을 보냅니다. 마지막에 '부탁드립니다. 7시부터는 선생님들이 공부하는 시간입니다. 전화를 받을 수 없으니 특별한 일이 있으면 원장 선생님께 전화해 주세요.'라고 적었습니다.

전체 공문은 부모님들이 완벽히 숙지하실 수 있도록 매주 월요일마다 보냅니다. 몇몇 분은 유별나다고 투덜대셨습니다. 감사하게도 대부분의 학부모님들은 공부하는 선생님들을 적극적으로 지지해 주셨습니다. 퇴근 후 '휴식 시간'이 확보된 선생님들은 개인 공부를 통해 실력을 쌓았습니다. 쉼을 통해 선생님들은 몸과 마음에 쌓인 감정을 비워내고 가벼운 마음으로 아이들을 만납니다. 유치원으로 향하는 선생님의 발걸음이 가볍고 행복하니 아이들도 행복해집니다.

생각 노트

일과 휴식이 상호보완적인 관계에 있듯이 선생님들의 휴식은 아이들의 성장과 상호보완적인 관계에 있습니다. 선생님에게 '퇴근 후 쉼'은 자신과 일, 그리고 아이들을 다른 각도에서 바라보는 성찰의 시간입니다. 쉼을 통해 생각이 유연해지면서 자신이 풀어내야 할 여러 문제를 창의적으로 접근하고, 필요한 공부를 합니다.

이 과정을 통해 쌓인 선생님의 실력은 곧 내 아이의 경쟁력이 됩니다. 하루의 많은 시간을 교육기관에서 보내는 아이들은 부모 못지않게 교사로부터 큰 영향을 받고 있습니다. 무한 경쟁 시대를 사는 아이들에게 실력 있는 교사는 곧 아이의 미래를 키우는 경쟁력이 됩니다.

25

스승의 날 편지 속 엄마의 숨은 의도 찾기

편지는 사적인 것입니다. 그렇기에 특별한 형식을 따르지 않지만, 받는 사람과 쓰는 목적은 정해져 있습니다. 읽는 이는 행간 속에 조심스럽게 드러난 상대방의 말투와 감정 표정 등을 파악해 겉으로 드러나지 않는 글쓴이의 숨은 의미를 찾아냅니다.

5월 15일 스승의 날 아침, 졸업한 제자들과 학부모님에게서 온 메시지를 읽고 있습니다. 오랜 시간이 지났지만 해마다 잊지 않고 기억해 주는 이들로 인해 벅찬 시간을 보냅니다.

"선생님은 저에게 엄마였어요."

"선생님, 많이 안아주시고 사랑해 주셔서 감사합니다."

"선생님, 20살이 되면 함께 커피 마시기로 약속한 거 잊지 않으셨죠. 이제 얼마 남지 않았어요. 제가 맛있는 커피 사드릴게요."

"선생님이 기초를 잘 닦아주셔서 반듯하게 사회생활 잘하고 있어요. 감사합니다."

메시지 속 아이들과의 추억을 떠올려봅니다.

그때 "원장님! 이거 한번 읽어보세요."라며 6세 반 선생님이 빨갛게 달아오른 얼굴을 식히려는 듯 오른손으로 부채질을 하면서 걸어옵니다.

"원장님! 이걸 어떻게 이해해야 할지 모르겠어요."라며 편지 하나를 불쑥 내밉니다. 아이가 직접 만든 편지 봉투에 사인펜으로 "선생님, 사랑해요."라는 글과 알록달록 예쁜 하트가 그려져 있습니다.

"예쁘게 잘 그렸네요. 누가 준 편지에요?"

"지연이가 준건데 내용 한번 읽어보세요. 제가 편지를 읽다가 부끄럽고 놀라서 할 말을 잃었어요."

"도대체 뭐라고 적혀 있길래 그래요? 어디 한번 봐요."

편지를 받아 맞은편 의자에 앉습니다.

> 선생님. 저는 선생님이 정말 싫어요.
>
> 짧은 머리도 싫고 예쁜 치마 입고 오는 것도 싫어요.
>
> 어제 민서는 예쁘다고도 하고, 안아서 동화책도 읽어주고,
>
> 나는 왜 머리 묶은 거 예쁘다고 안 해줬어요?

선생님은 나 싫어하죠. 그래서 나도 선생님이 싫어요.

편지지에는 선생님 이름과 얼굴을 그려놓고 그 옆에 크게 X 자를 해놨습니다.

그게 끝이 아니었습니다. 아이가 쓴 편지 아래에 지연이 어머니가 쓴 글도 있었습니다.

'선생님, 스승의 날 축하드려요. 늘 우리 지연이 예뻐해 주셔서 감사합니다.'

편지를 읽으면서 '도대체 무슨 뜻인지' 당황함을 감추기 위해 입술을 굳게 다물어봅니다. 스승의 날에 이런 편지는 처음 봤습니다. 선생님은 제 표정을 살피더니 '원장님은 이런 편지 이해되세요?'라는 눈빛으로 어떤 말을 할까 기다립니다.

"아이가 엄마 몰래 보냈다면 이해가 되지만 엄마가 저걸 보고도 그대로 보내는 건 좀 아닌 것 같은데요? 아니, 뭐 꼭 보내고 싶었다면 보낼 수는 있는데, 다른 날 보내지 하필이면 스승의 날 꼭 저런 편지를 보내야 하나요?"

"그쵸. 원장님도 그렇게 생각하죠? 제가 속이 떨리고 화가 나는 게 그 부분이에요. 지연이가 쓴 글만 있었다면 짜증은 좀 났겠지만 이해할 수 있어요. 어제 며칠 동안 아파서 결석했던 민서가 와서 친구들이 엄청나게 반가워했어요. 민서가 제 무릎에 앉길래 안고 동화책을 읽어줬는데, 지연이가 샘이 났던 것 같아요."

선생님은 잠시 숨 고르기를 하더니 이어서 말씀하셨습니다.

"며칠 전에 서진이가 가방에 달린 인형이 없어졌다고 해서 찾아봤어요. 그런데 그 인형이 지연이 외투 주머니에서 나오더라고요. 지연이가 가지고 놀다가 모르고 넣었다고 하는데 옆에 있던 서진이가 화를 내면서 거짓말이라는 거예요. 인형을 가져온 날부터 계속 지연이가 같은 인형을 선물로 달라면서 졸랐대요. 인형을 안 주니까 가져간 거라고 하더라고요. 지연이는 서진이 말에 속상해서 엄마한테 말했나 봐요. 지연 어머니는 지연이가 도둑처럼 다른 친구 인형을 가져가겠냐며 불같이 화를 내셨어요. 선생님도 그렇게 생각했으니 서진이가 친구들 앞에서 지연이가 가져갔다고 말한 거 아니냐고 하는데, 지연이 어머니 성격을 알기에 그냥 듣고만 있었어요. 그래서 괜히 그 일 때문에 저런 편지를 그대로 보냈나 싶기도 하네요."

"그래도 그렇지. 오늘은 때가 아닌 것 같은데."

"지연 어머니는 도대체 어떤 생각을 하고 이런 편지를 보낸 건지, 하고 싶은 말이 있으면 정확하게 하든지, 스승의 날 편지라고 보내면서 저런 내용을 보낸다는 건 도대체 무슨 의도인지 생각할수록 화만 나요."

글은 말과 달라 표정을 알 수 없습니다. 다만, 읽는 이가 글 위에 자신의 과거 경험을 바탕으로 내용을 덧입힌 후 글쓴이의 표정을 상상할 뿐입니다. 불쾌한 감정을 드러낸 선생님은 지연이 어머니와 유쾌하지 않은 일들을 하나둘 떠올리며 원인을 찾아보려고 합니다. 하지만 이미 분별력을 잃은 감정은 별일 아니었던 일까지 큰일처럼 포장해 선생님의 마음을 들쑤셔 놓습니다.

이 기분대로 교실에 들어갔다가는 선생님의 분노가 지연이한테 그대로 들킬 것 같습니다. 저는 주방에 가서 컵에 얼음을 잔뜩 담고, 또 다른 컵에는 선생님이 평소 좋아하는 노란색 커피믹스 세 개를 타 선생님에게 건네줍니다.

"선생님. 기분 좋은 편지도 많았잖아요. 뜨거운 감정은 얼음에 확 부어버리세요. 그 기분을 지연이한테 들켜서 지연 어머니가 알게 됐다고 생각해 보세요. 상상만 해도 끔찍하죠? 내가 교실에 가서 잠시 애들 보고 있을게요. 진짜 어이없긴 하지만 달달한 커피 마시면서 기분 좀 전환해요. 얼음이 다 녹으면 교실로 와요."

지연이 어머니의 부정적이고 끝도 없이 비비 꼬는 성격을 이미 충분히 경험해 봤기에, 선생님의 분노가 지연이한테 조금이라도 튀었을 때를 생각하면 상상만으로도 오싹합니다. 저는 차가운 얼음이 선생님의 용광로를 조금이라도 식혀 주길 바라는 마음으로 아이들을 보러 갑니다.

생각 노트

아이들은 가끔 선생님의 행동을 상황과 상관없이 자신의 입장에서만 해석해 선생님의 입장을 난처하게 할 때가 있습니다. 앞뒤 상황을 아는 선생님은 아이가 선생님에게서 어떤 행동을 끌어내고 싶은지 빠르게 의도를 파악할 수 있습니다. 하지만 전후 상황을 모르고 아이들의 말만 듣고 교사에게 말하는 부모님의 의도는 섣불리 파악하기가 어렵습니다. 부모가 보낸 편지는 부모의 생각입니다. 정확하게 표현되지 않은 모호한 편지 내용은 평소 교사와 학부모의 관계에 따라 다른 해석을 낳습니다. 과거의 경험이 해석의 기준이 되기 때문입니다. 부모와 교사의 관계는 겉으로 보기에 질긴 넝쿨처럼 튼튼하게 이어진 것 같지만, 사실은 여린 나뭇잎 같아 작은 오해에도 찢어집니다. 이런 관계에서는 불필요한 오해를 방지하기 위해 특별한 날에는 특별한 날에 맞는 예의를 갖춰야 합니다.

26

사고 뒷수습에는 골든 타임이 있다

유치원에서 일어난 일 중 부모님께 늦게 전달되거나, 선생님이 보기에 큰일이 아니어서 알리지 않고 넘어가는 일이 간혹 있습니다. 하지만 사소하다고 생각했던 일은 예상치 못하게 선생님의 발목을 잡습니다. 그렇다면 아이에게 일어난 일의 경중은 누가 결정해야 할까요?

오늘도 영우는 혼자서 신발을 신겠다고 하고 아빠는 신발을 신겨주겠다며 실랑이를 벌이고 있습니다. 아이가 떼를 써도 "영우! 영우!"라고 흔들림 없는 톤을 유지하며 인내심을 발휘합니다. 저는 얼른 신발장 앞에 앉아 영우 아버지가 신발을 신길 수 있도록 영우를 안았습니다. 그리고 영우 아버지에게 하루 일과를 이야기 합니다.

"아버님, 영우가 친구와 색깔 게임을 하면서 서로 공을 갖겠다고 잡아당기다가 조금 싸웠어요. 공을 뺏긴 친구가 영우 얼굴을 할퀴었는데 살짝 긁혔지만 다치지는 않았어요."

영우 아버지는 고개를 들더니 한참을 아무 말 없이 쳐다봅니다. 아니 째려봅니다. 그 표정에 압도당한 저는 겁을 먹고 버벅거리며 상황을 설명하기 시작합니다.

"아버님, 친구가 공을 먼저 찾았는데 영우가…."

"그래서요?"

"네, 영우가 친구 공을…."

"어쨌든 그 친구가 영우 얼굴을 할퀴었잖아요. 다른 곳도 아닌 얼굴을요."

영우 아버지는 한쪽 신발만 신은 영우를 번쩍 안더니, 나머지 손으로 남아 있는 신발을 들고는 그대로 가버립니다. 겁을 잔뜩 먹은 저는 현관에서 내가 뭔가 큰 실수를 한 건 아닌지 안절부절못하고 다리만 동동 구르고 있습니다.

그날 일은 이렇습니다. 점심을 먹은 아이들이 양치질을 하면서 왔다 갔다 하느라 교실은 조금 부산합니다. 정리를 하면서 밖을 보니 아침에 내린 비로 유치원 마당이 아직 젖어 있습니다.

"애들아, 오늘 비가 와서 마당이 많이 젖었네. 바깥 놀이를 못하니 볼풀장으로 가는 건 어때요? 지난주에 원장 선생님이 새

공을 많이 사 와서 볼풀장 안에 가득 채워놨어요."

"선생님, 화장실 갈 때 볼풀장에 공 많이 넣는 거 봤어요. 엄청 많아요."

"지금부터 화장실 갔다 오고, 갔다 온 친구들은 선생님 앞에 줄 서 봅시다!"

볼풀장 안에 가득 차 있는 새로운 공을 만져본다는 생각에 아이들이 신이 나서 "와!" 하고 소리를 지릅니다. 화장실 갈 차례를 기다리던 영우와 준서는 벌써 놀이계획을 세웁니다.

"무슨 놀이를 할 거야?"

궁금해서 물어보자 아이들은 굉장한 것을 감춘 듯 "비밀이에요. 나중에 보여줄게요."라며 큭큭거리며 웃습니다.

두 아이는 실내놀이터로 걸어가면서 계속 이야기를 나눕니다.

"여기 여기 붙어라. 무지개 놀이할 사람, 여기 여기 붙어라."

"무지개 놀이가 뭐야?"

"응. 한 명은 하늘이 돼서 색을 말하고, 나머지는 색을 찾는 거야. 하늘이 '노란색 5개' 이렇게 말하면 우리가 노란색 5개를 찾으면 되는 거야."

"5개를 다 못 찾으면 어떻게 되는데?"

"아웃이지."

놀이 규칙을 이해한 아이들은 하늘 역할을 할 사람을 뽑습니다. 지원자가 없습니다.

"선생님이 하늘 하세요."

저는 아이들이 정해준 자리에 앉아서 놀이 시작을 알립니다.

"노란 공 5개, 초록 공 1개!"

하늘 역할이 된 제가 큰 소리로 외치자 볼풀장 안은 축구장을 방불케 합니다. 아이들은 공을 빨리 차지하기 위해 민첩하게 몸을 던집니다. 그리고 빠르게 손을 움직여 공을 낚아챕니다. 한쪽에서 소꿉놀이를 하거나 책을 읽던 아이들도 어느새 볼풀장 주위로 몰려듭니다.

"빨강 둘, 주황 셋!"

얼마 남지 않은 공에서 원하는 색을 찾기 위해 아이들은 더 부지런히, 더 거칠게 공을 뒤적거립니다. 이때 "내가 먼저잖아!" 라며 영우가 가지고 있던 공을 던집니다.

"나도 봤다고 내가 먼저 찾았잖아!" 준서가 손에 주황색 공을 꼭 쥔 채 지지 않고 말합니다. "내 것이라고 먼저 말했잖아!" 영우는 준서 손에서 공을 뺏으려고 하고, 준서는 뺏기지 않으려고 공을 가진 손을 뒤로 뺍니다. 그러다 휘청하며 한 손으로 영우 얼굴을 밀었습니다.

상처는 나지 않았지만 준서의 손톱은 영우의 하얀 얼굴에 빨간색 줄을 만들어 버립니다. 저는 영우 얼굴에 약을 발라주고 나서 부모님께 연락을 드리려고 전화기를 꺼냅니다. 번호를 누르려다 생각해 보니 빨간 줄이 보일 뿐 상처가 난 것은 아닙니다. 오후에 아빠가 데리러 왔을 때 빨간 자국이 없어질 수도 있지 않을까 생각하고 전화기를 다시 주머니에 넣었습니다.

하지만 예상과는 달리 자국은 집에 갈 때까지 없어지지 않았습니다. 흉터가 생길 것 같지도 않은데 화를 내는 영우 아버지의 반응은 예상치 못한 모습입니다. 아이 얼굴을 보면서 화가 난 아빠의 심정은 이해할 수 있지만, 상황을 듣지도 않고 그냥 가버리는 행동은 이해가 안 됩니다.

저는 영우가 집에 도착할 시간에 영우 아버지에게 계속해서 전화를 했지만 받지 않습니다. 몇 번 전화를 시도하다 메시지로 오늘 일을 상세하게 적어서 보냅니다. 그런데 한참 뒤에 "이 선생, 설명은 필요 없고."라는 영우 아버지의 메시지가 왔습니다. 저는 그 메시지에 그만 온몸이 떨려오고 무서운 생각에 더 이상 전화를 하지 않았습니다.

생각 노트

아이들에게 일어난 일의 중차대함은 교사가 아니라 부모가 결정합니다. 교육 현장에서는 자칫 교사가 가벼운 일로 여겨 상황을 제대로 전달하지 않거나 전달 타이밍을 놓쳐서 사소한 일을 크게 만드는 경우가 비일비재합니다.

사고는 뒷수습만큼 전달 시점이 중요합니다. 그리고 그 전달 시점에는 '골든 타임'이 있습니다. '골든 타임'은 바로 '부모가 아이를 만나기 전'입니다. 아무리 가벼운 사고라도 부모에게 자식 문제는 항상 크게 와닿는 법입니다. 상황을 미리 들으면 아이를 기다리는 동안 놀라움에 격해진 감정이 가라앉습니다. 감정의 부유물이 가라앉고 나면 사건의 경중을 뚜렷하게 분별할 수 있는 마음의 공간이 생깁니다.

그런 후에 아이를 만나면, 자신이 생각한 것보다 일이 크지 않다는 것을 알게 됩니다. 하지만 아무 준비 없이 아이의 상처를 보면, 상처는 무서운 속도로 놀란 부모의 감정을 빨아들여 선생님이 상상할 수 없을 만큼 불어납니다. 그리고 그 상처는 부모의 마음에 또 다른 생채기를 남깁니다. 골든 타임을 놓치면 사건이 아닌 부모의 상한 마음이 교사를 향해 그 원망을 쏟아내게 됩니다.

27

부모와 교사의 공감이 아이를 통제한다

교육의 트라이앵글은 부모, 교사, 아이입니다. 교육의 대상은 아이, 아이에 대한 결정권은 부모에게 있습니다. 부모가 인정하지 않는 주의력 결핍 과잉행동 장애(ADHD)의 아이를 교사가 통제할 방법이 있을까요?

"원장님~ 부탁이 있어서 전화했어요." 이웃 유치원 원장님의 다급한 목소리입니다.

"말씀하세요. 제가 도울 수 있는 일이라면 도와 드려야죠."

"원장님이 도와줄 수 있는 일이에요. 제가 조금 있다가 어머니와 남자애 한 명을 보낼 테니 상담 한번 해주세요. 그리고 원장님이 계신 원에서 꼭 받아주셨으면 좋겠어요."

"원장님이 받으시면 되지 왜 저한테 부탁하시는지 여쭤봐도 될까요?"

이웃 원장님의 말씀에 따르면 사건은 이렇습니다. 며칠 전, 유치원에서 재훈이라는 아이가 가위로 친구 뒷머리카락을 싹둑 잘라버렸습니다. 그전에도 몇 번 가위로 위험한 장난을 쳐서 선생님은 가위를 높은 곳에 올려놨습니다. 그런데 교구장을 밟고 올라가서 가위를 꺼낸 뒤 그림을 그리고 있던 여자친구의 머리카락을 잘라버린 겁니다. 재훈이는 이밖에도 귀 깨물기, 화장실에 있는 휴지를 죄다 풀어 변기에 집어 넣기 등 여러 차례 돌발행동을 했습니다. 한동안은 같은 반 어머니들이 재훈이 어머니와의 관계를 고려해 이해하고 넘어갔습니다. 하지만 6 세 반 어머니들은 이제 더 이상 재훈이와 함께 수업을 할 수 없다고 유치원에 통보했습니다. 상황의 심각성을 느낀 원장님은 재훈이 어머니와 상담을 한 후 일주일 안에 원을 옮기는 것으로 결정했습니다.

"재훈 어머니께서 주변 분들께 물어보니 원장님은 그런 아이를 이해해 주실 거라고 소개해달라고 하네요. 원장님, 재훈이 형이 있는데 그 애도 비슷했지만 졸업할 때는 그런 행동들이 다 없어졌어요. 일단 상담이라도 한번 해주세요."

6세 반 담임 선생님과 의논 후, 우리는 함께 재훈이를 만나보기로 했습니다. 엄마와 함께 상담하러 온 재훈이는 예상과 달리 인사도 예쁘게 하고 얌전했습니다. 작고 마른 체구의 재훈이는 상담 내내 준비해 둔 교구를 가지고 조용히 놀기만 할 뿐 말이 별로 없습니다. 겉모습으로는 재훈이가 한 일이 전혀 상상이 되지 않습니다. 상담 중에 재훈이 어머니의 핸드폰이 계속 울렸습니다.

"상담 중에 자꾸 전화를 받아 죄송합니다. 원장님, 사실 재훈이 형이 며칠 전에 친구들과 놀다가 아파트에서 떨어졌어요."

"네? 아파트에서요? 몇 층에서 떨어졌어요?"

"3층에서 뛰어내렸어요. 그런데 다리만 좀 부러졌고 다른 곳은 괜찮아요."

재훈이 어머니는 별일 아니라는 듯 너무나 아무렇지 않게 이야기했습니다.

"3층에서 왜 뛰어내렸어요?"

"친구들과 집에서 잡기 놀이를 했는데, 술래가 되기 싫다고 뛰어내렸대요. 우리 큰애가 겁이 없어요. 재훈이는 형보다 심하게 놀지는 않아요."

형의 행동을 마치 걷다가 넘어진 것처럼 가볍게 이야기하는 모습이 당황스러웠습니다.

형의 행동을 대하는 어머니의 태도 때문에 재훈이를 받아들이기가 조금 꺼려졌습니다. 6세 반 선생님은 일주일 동안 관찰을 해보고 결정하면 어떠냐는 의견을 내놓습니다. 그렇게 재훈이는 우리 유치원에서 생활하기 시작했습니다.

재훈이는 상담 때부터 '몬테소리 수 막대'를 좋아했습니다. 크기가 다른 5개의 수 막대는 교구 자체도 단순하지만, 추상적인 수를 다룰 때 개념을 이해하도록 도와줘 수에 관심이 생긴 아이들에게는 인기가 좋은 교구입니다. 그런데 재훈이가 수 막대에 관심을 보인 이유는 수에 관한 관심 때문이 아니었습니다.

재훈이는 8시에 선생님들이 출근하면 그 뒤를 따라서 들어옵니다. 그리고 제일 먼저 수 막대를 꺼내옵니다. 선생님이 교구 사용 방법을 알려주고 나면 배운 대로 활동하는 것이 아니라 교구를 가지고 칼싸움, 활쏘기, 벽으로 던지기 등 공격적인 놀이를 합니다.

첫날에는 혼자 있을 때만 그렇게 행동을 하더니 이튿날 오후부터는 놀이시간이 아닌데도 살금살금 기어가서 교구장 안에 들어가 눕습니다. 교구장 크기는 작은 체구가 들어가기에는 넉넉합니다. 그런 뒤 수 막대를 꺼내 들고 기어서 친구 뒤로 가더니 머리를 툭툭 때리고 다닙니다. 선생님이 수 막대를 달라고 하면 눈을 질끈 감고 "싫어, 저리 가!"라며 허공을 향해 소리를 지르며 마구잡이로 막대를 휘두릅니다. 겨우 아이를 제압한 선생님은 원장실로 아이와 함께 왔습니다.

재훈이는 색칠하면서 왼손으로 수 막대를 꽉 잡고 있습니다. 어디서 그런 힘이 나오는지 그 작은 손에서 수 막대를 뺏을 수가 없습니다. 조용히 색칠하다가 색칠이 자기 뜻대로 안 되는지 갑자기 색연필로 제 손등을 찍었습니다. 순식간에 일어난 일이라 나도 모르게 비명을 질렀습니다. 그 소리에 놀란 재훈이는 반사적으로 눈을 감고 이리저리 수 막대를 휘둘렀고, 저는 무기로 변한 수막대에 무차별적으로 맞았습니다. 비명을 듣고 들어온 주방 선생님의 도움으로 겨우 수 막대를 빼앗고 아이를 진정시켰습니다.

한바탕 소동이 끝나자, 재훈이는 지쳤는지 수 막대를 끌어안고 벽에 기대어 잠이 듭니다. 잠자고 있는 아이들의 모습은 천사 같다는 말이 맞는 것 같습니다. 자그마한 재훈이가 자기 키만한 수 막대를 보물처럼 끌어안고 잠든 모습은 꼭 요술 빗자루를 타고 하늘을 날아가는 꼬마 마법사 같습니다. 제 팔에 시퍼렇게 든 멍과 통증만이 조금 전에 이곳에서 소동이 있었음을 알려줍니다. 재훈이를 데리러 온 재훈 어머니는 멍든 저의 팔을 보고도 놀라지 않습니다.

"재훈이가 조금만 자기 뜻대로 해주지 않으면 소리를 지르고 때리려고 하죠? 지금은 많이 좋아진 거예요. 형이 자기가 하고 싶은 걸 못하게 하면 고함을 치면서 장난감 칼이나 구둣주걱을 막 휘둘러요. 집에 있는 걸 다 숨겨놔도 금방 찾아내요. 주변에 물어보니 분노 조절이 안 되는 애들이 그런 행동을 많이 한대요. 대부분 크면 괜찮다고 해서 크게 걱정은 안 하고 있어요. 원장 선생님도 너무 걱정하지 마세요."

'걱정이 안 된다고? 내가 걱정할 일이 아니고 엄마가 걱정해야 할 일인데, 이 어머니는 도대체 어떤 상황이 돼야 놀라고 걱정할까?' 아이 행동을 이해시키기 위한 설명치고는 어머니의 반응이 도저히 납득이 안 됩니다.

"어머니, 혹시 상담은 받아보셨어요?" 저는 어렵게 '상담'이라는 말을 꺼내 보지만, 어머니는 손사래를 칩니다.

"선생님, 혹시 주의력 결핍 과잉행동 장애(ADHD) 말씀하시는 거예요? 우리 애는 그런 거 아니에요. 제가 인터넷으로 검색도 해보고 주변에 물어봤어요. 그런 거 아니래요. 크면 괜찮아진다니까요. 큰애도 똑같았어요. 지금은 안 그러잖아요."

어머니는 자신이 흥분했다고 생각했는지 잠시 말을 돌리면서 오늘 일이 왜 발생하게 됐는지 변명하듯 말합니다.

"생각해 보니 오늘 아침에 유치원에 자동차를 가지고 가고 싶다고 가방에 넣은 걸 제가 안 된다고 빼앗았거든요. 아마도 그것 때문에 화가 나서 그런 행동을 했을 거 같아요. 그런데 잠시 그러다가 괜찮아지니까 걱정하지 마세요. 다친 애도 없잖아요."

그 이후 재훈이가 친구들과 같이 활동할 때는 보조 선생님이 항상 옆에 있습니다. 재훈이가 조금 흥분하는 것 같으면 선생님이 친구들을 다른 곳으로 보내 놀게 합니다. 그 덕분에 재훈이 때문에 친구들이 다치는 일은 없었습니다. 하지만 조금만 뜻대로 되지 않으면 교실에서 누워서 소리를 지르고 옆에 있는 누군가를 때립니다. 약속한 기한이 다가올수록 고민은 깊어집니다.

재훈이를 생각하면 조금 더 지켜볼 수 있지만, 문제를 문제로 인식하지 못하는 재훈이 어머니의 반응과 재훈이의 행동이 친구들에게 미칠 영향을 생각하면 쉽게 결정할 수가 없습니다.

생각 노트

아이의 모든 행동은 나름의 이유가 있습니다. 그 마음은 존중해야 하지만 행동은 통제해야 합니다. 부모가 통제하지 못하는 아이를 선생님이 통제하기는 하늘의 별 따기만큼 어렵습니다. 어릴 때부터 오랜 시간 함께하고 소통한 엄마의 양육 태도가 아이에게는 사랑과 훈육의 표준입니다. 아이들은 어른들이 생각하듯 그렇게 천진난만하고 순진하지 않습니다.

통제는 아이가 자신의 표준을 바꿀 때 가능한 것입니다. 표준이 바뀌면 힘들다는 것은 당사자인 아이들이 제일 먼저 눈치를 챕니다. 과연 아이의 표준을 바꾸는 것이 가능할까요? 굉장히 어렵지만, 방법이 없는 것은 아닙니다. 바로 아이를 가장 잘 아는 두 사람, 즉 부모와 교사가 공조(共助)하는 것입니다. 시간이 걸리고 어렵더라도 두 사람이 함께 아이에게 중요한 것은 무엇인지 생각을 모으고, 가장 좋은 문제 해결 방법을 도출해 함께 그 방향으로 가지를 뻗어 나간다면 아이에게서 변화를 끌어낼 수 있을 것입니다.

28

생각의 길을 열어주는 교사의 참신한 질문

'질문의 순서가 결과에 영향을 미친다'는 말은 눈에 보이지 않는 '언어의 순서'가 가진 힘을 말합니다. 선생님이 평소에 하던 말의 순서를 의도적으로 바꾸었습니다. 선생님이 변화시키고 싶은 결과는 무엇일까요?

오늘도 아침부터 선생님들은 유치원 현관에서 아이들을 기다립니다. 유치원 버스에서 내린 아이들이 기다리고 계신 선생님들 앞에 한 줄로 길게 줄을 섭니다.

"다 같이 손 배꼽. 안녕하세요."

"선생님! 안녕하세요."

다 함께 인사를 나눈 후 한 명 한 명 유치원으로 들어오기 위해 자기 차례를 기다립니다.

“선생님! 별 귀걸이 예뻐요.”

“고마워~. 노란색 리본 머리띠를 했네, 너무 잘 어울린다.”

“선생님, 긴 치마 입으니까 공주 같아요~.”

아이들은 신발 정리를 할 생각은 하지 않고 하나둘 4세 반 선생님 앞으로 옵니다. 그리곤 선생님의 옷차림과 액세서리를 관찰하고 칭찬하고 있습니다. 선생님도 오늘 아이들이 어떤 차림으로 왔는지, 표정은 어떤지 작은 변화를 찾아내느라 바쁩니다.

“선생님, 나 오늘 이 옷 입었어요~.”

“선생님, 내 옷 보세요. 오늘은 강아지 데리고 왔어요.” 등 작고 사소한 말을 건네며 지나갑니다.

아이들과 선생님이 시시콜콜한 이야기까지 주고받는 모습이 참 신기합니다. 4세 반 선생님이 처음 오셨을 때 어머니들 사이에 “선생님이 좀 단호한 편이신 거 같아요.”, “선생님이 무섭게 말씀하시는 것 같은데요.”, “선생님 인상이 좀 쎄보여요.”라는 이야기를 많이 들었습니다. 하지만 시간이 지나자 상황이 바뀌었습니다.

“더운데 매일 머리를 풀고 가던 애가 4세 반 선생님이 올림머리한 게 예쁘다고 했다며 머리를 묶어달라고 하네요.”

“반바지는 절대 안 입는다고 하던 애가 4세 반 선생님도 반바지를 입는다고 입고 가겠다네요.”

어느 순간 4세 반 선생님은 유치원 아이들과 어머님들 사이에 핵인싸가 되어 있습니다. 참 기분 좋은 상황입니다. 사실 한 번 찍힌 선생님에 대한 선입견은 쉽게 바뀌지 않습니다. 선생님과 아이들 사이에 무슨 일이 일어났는지 한번 관찰해 봤습니다.

선생님은 수업을 할 때는 머리를 하나로 묶고 있다가, 놀이 시간이 되면 긴 머리를 풀고 있습니다. 아이들은 선생님 머리카락으로 미용실 놀이를 합니다. 여자아이들 뿐 아니라, 남자아이들도 선생님 머리를 만지며 별별 이야기를 다 합니다.

"선생님은 눈썹이 우리 엄마보다 길어요."

"선생님, 머리에서 사탕 냄새나요."

"선생님, 내 머리띠 한번 해볼래요?"

"선생님도 아빠 있어요?"

"우리 아빠는 술 먹고 오면 자꾸 나를 꼬집어요."

"엄마는 아빠가 1번으로 좋대요."

선생님 머리카락을 장난감 삼아 놀고 난 자리에는 긴 머리카락이 한 움큼씩 빠져 있기도 합니다. 아이들이 머리카락을 세게 잡아당기면 "살살 당겨 주세요~."라고만 말하고 이리저리 머리를 잡아당기는 방향으로 움직여 줍니다. 그 시간만큼은 선생님이 아니라 커다란 인형으로 변신하는 것 같습니다.

"선생님, 그렇게 놀아주면 힘들지 않아요?"

"힘들어요. 머리카락도 한 움큼 빠졌어요. 근데 애들이 집에서는 이렇게 못하잖아요. 유치원에서는 집에서 못하는 걸 하게 해줘야죠. 그래야 유치원이 즐거운 곳이 되죠."

4세 반 선생님의 독특한 점은 또 있습니다. 선생님은 아이들과 이야기할 때 앞뒤를 바꿔서 말합니다. 보통 취향을 물어볼 때 많은 사람들이 "예뻐, 안 예뻐?", "좋아, 안 좋아?"라고 묻지만, 선생님은 "안 예뻐, 예뻐?", "안 좋아, 좋아?"로 순서를 바꿔서 말합니다.

"동그란 귀걸이 어때? 안 예뻐, 예뻐?"

"오늘은 긴 치마 입었는데 안 어울려? 어울려?"

"날씨가 좋아서 초록색 양말을 신었는데, 안 예뻐, 예뻐?

'그저 무엇을 좋아하는지 안 좋아하는지'만 묻는 게 아니라 사물과 색에 대한 느낌을 아이들이 연상할 수 있도록 질문을 합니다. 이렇게 물으면 아이들은 바로 답하지 않고 자세히 쳐다본 후 "예뻐요."라고 말합니다.

4세 반 선생님은 노래를 좋아하지만, 음치에 가깝습니다. 하지만 아이들은 함께 몸을 흔들며 노래하는 선생님을 향해 "4세 반 선생님은 노래를 예쁘게 해요.", "노래를 할 때 많이 웃어요." 이렇게 칭찬합니다.

선생님은 아이들의 옷차림에도 세심하게 관심을 많이 보입니다.

"(의자에서 일어나서 티셔츠를 가리키며) 오늘 선생님이 곰돌이를 데리고 왔는데 찾아보세요."

"세연이는 오늘 양말 속에 친구들을 많이 데리고 왔네. 어떤 친구들을 몰래 데려왔는지 한번 볼까?"

아이들은 세연이 양말을 보며 동물 이름을 말합니다. 그리고 자기 양말에는 어떤 무늬가 있는지 관찰합니다. 이런 질문으로 아이들의 호기심을 유발하고, 아이들은 서로에게 관심을 가지기 시작합니다.

아이들이 귀가 준비를 다 마치면 오늘 했던 활동 중에 가장 즐거웠던 순간을 발표하는 시간이 있습니다. 그런데 선생님은 반대로 오늘 한 활동 중 아이들이 제일 싫어했던 활동지를 꺼냅니다. 그리고 그 안에서 칭찬거리를 발견합니다.

"도연이는 오늘 가지를 예쁘게 색칠했네. 도연이 가지로 요리하면 정말 맛있겠다. 글자 한번 볼까? 와~~(제일 잘 쓴 글자에 하트 표시를 합니다) 선생님은 이 '가지'라는 글자가 제일 예뻐 보여요. 자, 지금부터 자기 활동지를 보면서 제일 예쁜 글씨를 찾아보세요. 선생님이 큰 하트를 그려 줄게요." 아이들은 신이 나서 삐뚤 삐뚤 글씨들 가운데서 제일 예쁜 글씨를 찾아냅니다. 선생님이 쏘아 올린 긍정적인 말을 통해 아이들은 자신이 생각지도 못한 곳에서 좋은 감정을 찾아냅니다.

처음부터 선생님이 거꾸로 질문을 하거나 구체적으로 칭찬을 한 건 아니라고 합니다. 귀가 지도를 할 때, 도보로 귀가하는 친구들은 신발을 신을 때부터 어머니들이 “오늘 재미있었어?”라고 물어봅니다. 아이들은 뭐가 재미있었고 재미없었는지 말을 안 하고 똑같이 “응”, “몰라”라고 말합니다. 아이들이 그렇게 대답을 하니 어머니들도 더 이상 물어보지 않습니다. 흔한 귀가 풍경입니다. 하지만 선생님의 눈에는 그 모습이 안타까웠습니다.

4세 반 선생님은 ‘엄마가 아이의 유치원 생활을 하나라도 더 알 수 있도록 하는 방법이 없을까?’를 고민했습니다. 이를 위한 가장 좋은 방법은 ‘질문’입니다. 질문을 하려면 아이들과의 친밀도가 높아야 된다고 생각한 선생님은 이를 위해 스킨십을 떠올렸습니다. 그리고 쉽게 다가와 만지며 서로를 교감하는 것이 중요하다고 생각한 겁니다. 그래서 놀이시간에 머리를 풀기 시작했습니다. 선생님의 머리를 만지면서 아이들은 수많은 이야기를 들려주었습니다. 또 “안 예뻐, 예뻐?”로 말의 순서를 바꾼 계기도 미용실 놀이에서 아이들이 주고받는 말을 관찰한 후에 긍정적인 대답을 끌어내려고 의도적으로 바꾼 것이라고 합니다.

선생님이 아닌 친구로 다가간 선생님의 노력 덕분에 어느 순간부터 ‘단호하다, 인상이 차갑다’라는 말 대신 아이들의 마음을 훔치는 선생님으로 자리매김하고 있었습니다

생각 노트

선생님과 아이들의 관계는 부모와 자식 사이처럼 조건 없는 사랑을 주고받는 관계가 아닙니다.

교사와 학생이라는 틀 안에서 서로 노력해야만 사랑을 얻어낼 수 있는 관계입니다.

유치원의 하루는 길고, 그 속에서 선생님과 아이들은 수많은 말과 표정을 주고 받습니다.

그 과정에서 아이들은 선생님의 사랑을 얻기 위해 경쟁합니다. 그것은 선생님도 마찬가지입니다.

하지만 아이들은 사랑받고 싶은 마음과는 달리 선생님에게 먼저 다가가 자신을 표현하는 것이 어렵습니다.

이때, 선생님의 질문은 아이들이 선생님에게 다가올 수 있도록 길을 만들어줍니다.

처음부터 친구 같은 선생님이 될 수는 없습니다. 하지만, 선생님이 친구 같은 마음으로 먼저 다가가 곁을 내어줄 때, 아이들은 마음의 빗장을 열고 선생님을 향해 환한 웃음으로 다가가게 됩니다.

'가는 말이 고와야 오는 말이 곱다'라는 말처럼 선생님이 먼저 다가가야 아이들이 다가옵니다.

29

선생님! 아이의 무한한 이해심을 믿어보세요

사람들은 마음을 울리는 음악을 들으면 눈물을 흘립니다. 그리고 바람 소리, 지저귀는 새소리, 졸졸 흐르는 시냇물 소리를 들으면 마음의 안정감을 느낍니다. 그렇다면 아침마다 유치원 앞에서 우는 아이의 울음소리에 선생님은 어떤 느낌이 들까요?

하얀 얼굴의 베이지색 코트를 입고 빨간 구두를 신은 4살 지원이가 씩씩하게 유치원으로 들어옵니다. 이미 유치원은 엄마와 떨어져서 불안함에 울고 있는 4살 아이들의 울음소리로 가득 채워져 있습니다. 하지만 지원이는 우는 친구들을 이해할 수 없다는 표정으로 교실을 둘러보더니 원하는 교구를 갖고 놀이를 시작합니다.

등원 2주째 화요일 아침, 유치원에 아이들의 울음소리가 조금 가라앉고 조용한 아침을 시작합니다. 그런데 그것도 잠시 "엄마~. 엄마~." 지원이의 울음소리가 유치원을 압도하기 시작합니다. 한번 터트린 울음은 일주일이 지나도 그치지 않습니다. 4세 반 친구들은 '왜 우리가 울 때는 아무렇지 않은 척 하더니 이제야 시끄럽게 우는 거야?'라는 표정으로 미간을 찌푸리며 귀를 막고 지원이를 쳐다봅니다.

"선생님, 적응한 줄 알았더니 그게 아니었나 봐요. 아침에 유치원 가자고 하면 옷도 잘 입고 신나게 나와요. 그런데 근처만 오면 훌쩍거리다가 유치원에 도착하면 그때부터 대성통곡을 하니 갑자기 왜 이러는 걸까요? 언제쯤 울음을 그칠까요? 이렇게 우는 애를 계속 유치원에 보내도 될지 고민이에요."

부모는 아이의 울음소리를 귀로만 듣는 것이 아니라 온몸으로 듣습니다. 그런 부모에게 아이의 울음소리는 다른 행동보다 주의를 끌기에 효과적이며, 엄마, 아빠의 행동을 바꾸는 중요한 변수가 됩니다. 아침마다 유치원 앞에서 우는 아이의 울음소리는 애틋하고 마음을 무겁게 하지만, 지속되는 울음은 짜증과 분노로 바뀌어 부정적인 생각을 불러옵니다.

3월이 되면 유치원은 신입생들로 북적북적합니다. 아이들을 맞이하기 전 선생님들은 자신이 만나게 될 아이들의 신상정보를 확인하고 '3월에 아이들의 적응 환경 및 교육 체계를 잡지 못하면 1년이 힘들다'라는 불문율과 같은 법칙을 앞에 두고 계획을 세웁니다. 이런 선생님의 계획을 순식간에 무너뜨리는 것이 바로 '울음소리'입니다.

아침 9시, 오늘도 어김없이 국진이 아버지의 회색 승용차가 유치원 앞에 멈춥니다. 차에서 내린 아버지가 한 손으로 국진이를 번쩍 들어 올리면 국진이는 기다렸다는 듯 두 눈을 감고 고개를 뒤로 젖히며 울기 시작합니다. 선생님과의 거리가 가까워질수록 울음소리는 더 커집니다. 아버지는 울음소리에 맞춰 뚜벅뚜벅 걸어와, 현관에 국진이를 내려놓고, "선생님, 시끄럽죠? 오늘도 잘 부탁합니다."라는 인사만 던지고는 바로 돌아서 갑니다. 뒤따라온 엄마는 "국진아! 신발 벗고 정리해. 그만 울고 물 좀 마셔."라고 건성으로 이야기합니다. 국진이는 울면서 신발을 벗고 엄마에게 인사한 뒤 선생님 손을 잡고 교실로 들어갑니다. 7살 국진이의 매일 아침 모습입니다.

국진이 부모님과 유치원 선생님들이 국진이의 울음소리에 처음부터 이렇게 느긋하고 여유로웠던 것은 아닙니다. 국진이는 책상이 아닌 교실 제일 앞자리에 앉아서 낮은 소리로 흐느끼듯이 웁니다. 그러다 수업이 시작되고 제가 이야기를 시작하면 제 목소리와 번갈아 가면서 울기 시작합니다. 교실은 순식간에 "시끄러워! 시끄러워!" 싸울을 내는 아이들과 점점 커지는 제 목소리, 그리고 국진이의 울음소리가 불협화음을 이루면서 수업은 엉망이 됩니다.

이런 상황이 반복되니 저는 수업에 대한 부담감과 다른 아이들에 대한 미안함으로 마음이 점점 불편해집니다. 그래서 국진이를 달래보기로 합니다.

"국진아! 엄마, 아빠 생각나면 울어도 괜찮아. 그런데 여기서 울면 친구들한테 방해가 되니까 책상에 앉자. 국진이도 친구들이 소리 지르니까 싫지? 어때, 자리 바꿔볼까?"

국진이는 자리를 바꿔 햇볕 따뜻한 창가에 앉게 되었습니다. 훌쩍거리며 흐느끼다 잊을만하면 다시 큰소리를 내고 웁니다. 저는 그 소리가 나를 부르는 소리라 생각하고 다가가서 머리를 한번 쓰다듬어 줍니다.

따뜻한 5월의 햇살이 교실 깊숙이 들어온 어느 날, "선생님, 국진이 오늘은 안 울어요. 그쵸." 재민이가 혹시나 자기 말을 듣고 국진이가 다시 울까 봐 제 귀에 손을 대고 귓속말을 합니다. 교실이 조용합니다. 울음소리가 전혀 들리지 않습니다. 국진이가 다른 아이처럼 진지한 표정으로 몬테소리 일상 교구 중 단추 구멍 끼우기를 하고 있습니다.

저는 문득 지치지 않고 우는 국진이도 가끔은 쉴 때가 있다는 걸 깨닫고, 어떤 상황에서 울음을 멈추는지 관찰해 봤습니다. 단추 구멍 끼우기, 지퍼 잠그기 등 몬테소리 일상 교구를 갖고 놀 때와 창 너머 도로에 자동차가 서 있으면 제법 긴 시간 동안 울음을 멈춥니다.

부모님께 관찰한 내용을 말씀드린 후, 국진이가 아침 자유놀이 시간에 원하는 교구를 손에 넣으려면 늦어도 9시까지는 등원해야 한다고 알려줍니다.

다음 날부터 국진이는 일찍 등원하기 시작했습니다. 여전히 울면서 등원하지만, 원하는 교구를 선점하는 날은 친구들과 조금씩 어울렸습니다. 정리할 때는 서럽게 울지만, 창가 자리에 앉아서 흐느껴 울다가 자동차라도 지나가면 뚝 그칩니다.

어느 날, 국진이 아버지가 외부 일정이 있어 유치원 근처에 왔다가 우연히 국진이의 야외활동을 목격했습니다. 종일 운다고 생각한 아들이 울면서도 중간중간 친구들과 재미있게 노는 모습을 보셨습니다. 한참을 지켜보니 친구들과 놀거나 선생님과 이야기할 때 국진이의 표정이 참 맑고 행복해 보였습니다. 국진이 아버지는 그 모습을 보고 국진이가 유치원을 좋아한다는 것을 알았습니다.

"선생님, 웃고 있는 국진이를 보니 약간 배신감도 들던데요. 생각해 보니 부모와 떨어질 때 애가 우는 게 당연하고 울지 않으면 서운해야 하는 건데, 저희가 착각했던 것 같습니다. 안 울고 금방 적응해야 한다는 생각에 마음이 급해서 선생님들을 힘들게 했네요. 우는 아이 힘드시겠지만 잘 부탁드립니다."

그 후, 국진이 아버지는 울고 있는 국진이를 번쩍 들어서 유치원 현관에 내려놓으시고는 우리에게보다는 먼저 국진이에게 "재미있게 놀다가 이따 만나자."라고 다정하게 인사를 하고 가십니다. 그렇게 국진이는 4년 동안 울면서 유치원을 다녔고, 국진이 동생은 형보다 1년 짧게 3년만 울고, 7세 때는 울지 않고 잘 다녔습니다.

생각 노트

여러 명의 아이가 동시에 시합하듯 날카로운 울음소리를 내는 후끈후끈한 현장. 그 한가운데에 있는 선생님은 늘 똑같은 상황을 맞닥뜨려도 당황스럽습니다. 부드러운 시선과 다정한 목소리로 아이를 달래야 하고 기다려줘야 한다는 걸 잘 알고 있지만 선생님도 아이들의 울음소리가 버겁거든요.

선생님은 자신의 감정에 민감해야 합니다. 울음소리를 참아내는 것이 아니라 예리하게 감정을 분화시켜 무엇 때문에 자신이 아이의 울음소리에 버거워하는지 찾아내야 합니다. 아이의 울음소리를 막으면 아이의 마음을 놓치는 것처럼 선생님의 버거운 마음을 막으면 선생님은 아이들을 놓치게 됩니다.

아이에게 '너의 울음을 이해해. 선생님이 힘든 건 너의 울음소리가 아니라 울음소리 때문에 내가 ○○을 못하기 때문이야.'라고 자신의 감정을 구체적으로 전달하면 아이는 선생님을 이해합니다. 어른의 이해심은 경험의 한계를 갖지만, 아이들의 이해심은 무한대입니다. 아이들의 이해심을 믿고 선생님의 감정을 표현해 보세요.

30

안전과 통제를 만드는 신뢰의 CCTV

아동학대와 의료사고 등의 사건 사고가 발생하면서 CCTV 설치 의무화가 사회·정치적으로 큰 쟁점이 되고 있습니다. 쟁점의 본질은 깨어진 신뢰감입니다. CCTV로 무너진 신뢰를 회복할 수 있을까요?

날씨가 점점 추워지면서 아이들의 옷차림이 달라지고 두꺼운 패딩을 입은 아이들은 눈사람처럼 둥글둥글해 보입니다. 난방이 시작되자 유치원 실내공기는 답답하고 건조합니다. 환기를 위해 창문을 조금 열어두었더니 몇몇 어머니께서 아이들이 감기에 걸린다고 민원을 제기하셔서 창문도 마음대로 열지 못합니다. 아이들은 덥다며 옷을 하나둘 벗고, 어떤 친구는 내의만 입고 있습니다.

효정이의 집은 유치원 버스를 타기에는 애매한 거리입니다. 그래서 기모 바지 속에 두꺼운 내의를 입고 할머니와 매일 걸어서 등원합니다. 효정이는 답답하다며 교실에 들어오면 누가 말하지 않아도 옷을 다 벗고 내의만 입고 있습니다. 옷을 벗을 줄은 알지만 혼자 입지 못해 귀가 시간이 되면 선생님이 옷을 입혀 줍니다.

그런데 유독 외투를 입지 않으려고 해서 힘들게 합니다. 덥다고 외투를 입힐 때마다 짜증을 내며 주먹으로 선생님의 몸을 가리지 않고 때립니다. 아이의 작은 손이지만 주먹으로 가슴이나 배를 맞을 때는 많이 아픕니다. 어느 날부터 저는 옷을 입히기 전에 습관적으로 효정이에게 말합니다.

"효정아, 선생님도 맞으면 아파, 때리지 마!" 효정이는 제 말에 웃기만 합니다.

퇴근 시간, '딩동' 벨이 울립니다. 연락도 없이 효정이 어머니께서 문 앞에 서 계십니다.

"어머니, 어쩐 일이세요. 오늘은 일찍 퇴근하셨나 봐요?"

"네, 선생님, 여쭤볼 게 있어서 오늘은 일찍 퇴근하고 왔어요."

효정이가 어느 날부터 집에서 "아파! 때리지 마!"라는 말을 한다며, 효정이 아버지와 할머니가 유치원에서 친구들이 효정이를 때린다고 생각해 CCTV를 확인하고 싶다고 합니다. 저는 어머니와 함께 CCTV를 본 후, 조심스럽게 물어봅니다.

“효정이가 외투 입는 걸 엄청나게 싫어해요. 집에서는 어떤가요?”

“집에서도 외투 입힐 때마다 할머니하고 한바탕 전쟁을 해요.”

“그래요. 외투를 입힐 때마다 선생님을 때려서 때리지 말라고 말을 하는데 그래도 계속 때리네요. 제 몸 곳곳에 멍도 좀 많이 들었어요.”

“집에서도 할머니를 많이 때려서 할머니 팔에 멍이 시퍼렇게 들었어요.”

효정이 어머니는 제 팔에 든 멍을 보면서 겸연쩍게 웃으시며 집에서도 늘 있는 일이라고 합니다.

며칠 후, 효정이 어머니는 또 유치원에 오셨습니다.

“선생님, 효정이가 선생님을 때릴 때 선생님도 효정이를 때리나요?”

“아니요. 맞기만 하고, 때리지 말라고 말을 하죠. 지난번에 어머니도 CCTV 보셨잖아요.”

“저는 이해하는데, 애가 자주 그 말을 하니까 할머니는 선생님도 애를 때렸다고 생각하세요. 어제는 애가 옷 입기 싫어서 때릴 수 있는데, 선생님이 그걸 못 참고 애한테 때리지 말라는 말을 해서 애가 상처받은 거 같다며 유치원을 옮기라고 하세요. 저는 계속 보내고 싶은데 어쩌면 좋죠?"

"CCTV를 보고도 믿지 못하면 도대체 어떻게 해야 할까요?" 오늘도 효정이한테 가슴을 세게 맞은 저는 어머니의 말씀이 너무 언짢아서 '차라리 그만두세요'라는 말이 목구멍까지 차올랐습니다.

효정이 어머니와 CCTV를 본 건 이번이 처음이 아닙니다.

"선생님, 방금 할머니한테 연락이 왔는데 효정이 엉덩이에 상처가 나 있다고 하네요. 중국어 시간에 선생님이 효정이 엉덩이를 때렸다는데 그때 난 상처 같아요. 할머니와 아빠가 화가 많이 나셨어요. 일단 확인 한번 해주세요."

중국어 시간이었습니다.

"효정~ 정리하고 와요. 효정~ 빨리빨리!"

중국어 선생님은 한족이지만 대학에서 한국어를 전공했습니다. 한국에서 공부를 하고 3년간 한국회사에서 근무한 적이 있어서 아이들과 한국어로 소통하는 데는 문제가 없습니다. 친구들은 이미 정리를 끝내고 화장실을 다녀와 자리에 앉아있습니다. 그런데 효정이가 정리는 안 하고 화장실을 다녀온 후 다시 창가로 가서 창틀에 교구를 한 줄로 세우며 계속 놀고 있습니다.

"효정~ 정리하고 와요. 효정~ 빨리 정리해요."

중국어 선생님 말씀에 효정이는 반응도 하지 않고 놀기만 합니다.

"선생님, 효정이는 왜 정리 안 해요? 왜 효정이만 놀아요? 나도 놀고 싶어요." 예솔이 말에 너도나도 놀고 싶다고 합니다. 중국어 선생님은 효정이에게 다가가 "효정아, 조금 있다가 다시 놀아요. 지금은 선생님하고 같이 정리해요. 알겠죠?"라며 효정이가 놀고 있던 교구를 정리하기 시작합니다. 효정이는 마지못해 몇 개 옮기더니 짜증이 난다는 듯 '으앙' 하고 울어버립니다. 선생님은 효정이를 안고 자리로 왔습니다.

"선생님, 숨 막혀요." 중국어 선생님은 효정이를 너무 꼭 껴안았나 싶어서 얼른 팔을 풀고 괜찮냐고 물어봅니다. 효정이는 허리와 엉덩이를 가리키며 "선생님이 너무 세게 안아서 여기 아파요."라고 칭얼댑니다. 선생님이 미안하다고 말하니 효정이는 웃으면서 자리에 가서 앉습니다. 그리고 친구들과 함께 중국어 수업을 잘했다고 합니다.

중국어 선생님과 이야기를 나눌 동안 효정이 할머니로부터 사진이 한 장 와 있습니다. 사진을 보니 며칠 전 효정이가 오른쪽 엉덩이와 허리 사이를 긁어 상처가 나 있습니다. 아토피가 있는 효정이는 겨울이 되자 건조해서 유치원에서도 자꾸 몸을 긁습니다. 어머니께서 원에서도 자주 로션을 발라 달라고 부탁하셨습니다. 로션을 발라주면서 심하게 긁어서 엉덩이 부분에 상처가 나고 피가 나 있는 것을 봤습니다. 보내온 사진을 보니 딱지 위를 긁어서 다시 상처가 나고, 주변도 긁어서 손톱자국이 보였습니다. 어머니께 전화해 중국어 시간에 있었던 이야기를 전해드리고, 보내온 사진에 관해서 설명했습니다.

"그런데, 선생님! 혜준이가 놀러 왔을 때 할머니가 물어봤는데, 효정이가 아프다고 해서 선생님이 사과했다고 했대요. 효정이 아빠가 중국어 시간에 그랬다고 하니 퇴근하고 유치원 가서 CCTV를 확인해야겠다고 하네요. 효정이 아빠가 검도 도장을 운영하잖아요. 자신도 화가 나면 아이들 군기를 잡는데, 선생님이 화가 나는데 애를 가만히 뒀겠냐고 하네요. 검도 도장에서도 유치원으로 파견 나가는데 그곳에서 선생님들이 가끔 아이들을 좀 과격하게 다루는 걸 봤대요. 퇴근하고 CCTV 확인하러 간다고 하는데 어떡하죠?"

효정이와 혜준이는 같은 아파트 단지에 살면서 가족끼리도 자주 왕래하는 사이입니다. 효준이가 효정이에 비해 상황 전달을 좀 더 구체적으로 하는 편이라 효정이 할머니는 효준이가 놀러 올 때마다 유치원 생활을 자주 물어본다고 했습니다. 확신에 찬 의심은 아무리 완벽한 설명과 증거를 보여줘도 변명으로 밖에 들리지 않는다는 것을 잘 알고 있습니다.

"알겠습니다. 오셔서 확인해 보세요. 몇 시에 오실 건가요?"

"늦어도 8시 30분까지 갈게요."

퇴근도 하지 않고 기다렸지만 11시가 다 되어 갈 즈음 전화가 와서는 일이 바빴다며 내일 가겠다고 합니다. 하지만 다음 날도 오지 않았습니다.

그렇게 며칠이 지났습니다. 귀가 시간, 효정이를 데리러 온 할머니께서 "선생님, 효정이 언니가 유치원 다닐 때 선생님이 때려서 다친 적이 있어요. 그런데 CCTV가 있어도 사각지대가 있으니 때린 게 안 나와서 증거를 못 찾았어요. 선생님이 때린 건 아니니까 이번에는 효정이 아빠가 그냥 넘어가지만, 다음에는 절대 그냥 안 넘어갈 겁니다."라고 하십니다.

큰 인심을 베푸는 듯한 할머니 말씀에 저는 차마 '감사합니다'라는 말이 나오지 않았습니다.

생각 노트

교육 분야의 뜨거운 감자로 등장한 CCTV는 선생님을 의심 어린 눈으로 바라보는 부모님과 부모님을 경계하는 선생님 사이에 가장 주목 받는 도구입니다. 불신으로 시작한 CCTV는 신뢰감을 가져올 수 없지만, 자리바꿈을 해보면 CCTV의 숨겨진 긍정적인 목적을 발견할 수 있습니다. 바로 '안정'과 '자기 통제'입니다.

도구는 사람이 어디에 어떻게 사용하느냐에 따라 그 쓰임이 달라집니다.

아이들의 생활이 궁금한 엄마는 CCTV가 있다는 것 자체로 불안감이 줄어듭니다. 아이들은 엄마와 떨어져 있지만 엄마, 아빠가 자기를 항상 지켜보고 있다고 생각해 마음의 안정감을 느낍니다. 선생님에게 CCTV는 힘든 일과 중에 아주 가끔 자기 통제권을 벗어나는 일이 생겼을 때 잠시 한 박자 늦추고 감정을 추스르고 다시 평정심을 유지하게 하는 도구입니다.

기억하렴, 너에겐 언제든 날 수 있는 날개가 있어

크리스마스가 되면 커다란 선물꾸러미를 들고 오는 산타 할아버지를 기다리듯 겨울이 되면 아이들은 펑펑 내리는 눈을 기다립니다.

"선생님~ 눈 와요. 눈!" 순간 모든 시간이 정지되고 아이들은 일제히 창문을 향해 고개를 돌립니다. 누가 먼저라고 할 것도 없이 우르르 창가로 몰려갑니다. 일기예보에 오늘 큰 눈이 내린다고 했는데 언제부터 내렸는지 유치원 마당에는 눈이 소복이 쌓여있습니다. 하늘에도 제법 큰 눈꽃 송이들이 펄펄 날리고 있습니다.

"원장님~ 눈이 진짜 펑펑 내려요. 눈이 엄청나게 쌓여서 눈사람도 만들 수 있을 것 같은데 밖에 나갈까요?" 5세 반 선생님의 말씀에 아이들이 "와~~~" 함성으로 대답합니다.

성격이 급한 친구는 벌써 외투를 꺼내 옵니다. 외투, 장갑, 마스크, 모자 등등. 선생님은 아이들 한 명 한 명을 체크 합니다. 그런데 소정이와 유나는 장갑이 없습니다. 선생님은 얼른 유치원 비품실에서 재롱잔치 소품으로 준비해 놓은 하얀색 면장갑 두 켤레와 노란 고무장갑을 꺼내옵니다. 면장갑 위에 고무장갑을 끼고 손목 부분은 검정 고무줄로 고정합니다.

모두 땡그란 두 눈만 말똥말똥 드러내고 중무장했습니다. 신발을 신고 유치원 정문 맞은편 공원으로 나갑니다. 펑펑 쏟아지는 커다란 눈송이에 아이들의 모자와 어깨에 금세 눈이 쌓이기 시작합니다.

우리는 푹푹 꺼지는 눈 위에 발자국을 찍으며 성큼성큼 걸어봅니다. 조금만 균형을 잃어도 눈밭에 엉덩방아를 찧습니다. 아이들은 사방으로 흩어집니다. 눈을 꽁꽁 뭉쳐 외투에 달린 모자에 몰래 넣기도 하고, 두세 사람이 모여 눈덩이를 굴리기도 합니다. 한쪽에서는 눈싸움을 하느라 이리 뛰고 저리 뛰어다닙니다. 꽁꽁 뭉쳐지지 않은 눈은 아이들의 손에서 벗어나는 순간 밤하늘에서 별이 쏟아지듯 흩뿌려집니다. 누가 던졌는지 선생님을 향해 눈덩이가 날아오고 있습니다. 다행히 선생님을 비켜 갑니다. 아이들이 커다란 나무 주위에 모여 나무를 발로 쾅쾅 찹니다. 나뭇가지에서 쉬고 있는 눈이 우르르 떨어집니다. "와~~" 소리와 함께 순식간에 아이들이 흩어집니다.

눈송이는 점점 굵어지고 어디서 오는지 알 수 없는 겨울바람에 어른도 아이도 얼굴이 빨갛게 변해있습니다. 그사이 공원의 잔디는 크고 작은 눈사람과 아이들이 만들어 놓은 진기한 눈덩이들로 가득 차 있습니다. 눈 조각 전시회장 같습니다. 이렇게 눈은 새근새근 잠자고 있던 아이들의 동심을 툭 건드려 상상 속의 그림을 현실로 가져와 친구들과 나눕니다. 아이들의 마음은 어느새 눈처럼 하얗게, 눈처럼 해맑게 번져갑니다. 우리는 경건한 마음으로 함께 만든 눈사람과 눈덩이들이 겨우내 녹지 않기를 두 손 모아 기도합니다.

놀이를 마치고 돌아온 아이들의 볼은 찬바람에 사과보다 빨갛게 익어있습니다. 깨끗했던 교실과 복도는 젖은 신발과 목도리, 털모자, 그리고 장갑들이 따뜻한 온기를 느끼며 한 줄로 서 있습니다. 소복이 쌓인 눈만큼 할 일이 늘어난 선생님들의 손은 쉴 새 없이 움직입니다. 하지만 얼굴에는 아이들만큼 경쾌한 미소가 반짝입니다.

유치원에서는 해마다 주제를 정해 '캐릭터 데이'라는 행사를 합니다. 행사 때 복장은 각자 좋아하는 캐릭터 의상입니다. 의상과 함께 소품으로 여자아이들은 천사 날개, 남자아이들은 해리포터의 마법의 빗자루를 많이 가지고 옵니다.

아이들이 날개를 달고 뛰어내릴 때 다치지 않게 하기 위해,

유치원 바닥에는 두껍게 매트가 깔려있습니다. 선생님은 아이들을 한 명씩 책상 위로 올려줍니다. 뛰어내리는 아이들의 표정은 그야말로 하늘을 날아가는 듯한 표정입니다.

앉아서 그 모습을 지켜보던 아이들도 책상 위로 올라가고 싶다고 합니다. 선생님들은 날개를 빌려서 아이들에게 입혀줍니다. 아이들은 책상 위로 올라가 날아봅니다. 날개와 빗자루는 훨훨 날아가고 싶은 아이들의 마음을 대변하는 도구입니다.

날개는 한 생명체의 살을 뚫고 나오는 고통 속에 탄생합니다. 날개가 내 살을 뚫고 나올 수 있을 만큼 성장하려면 시간이 걸립니다. 이것은 누군가 대신 해줄 수 없는 일입니다. 다 자란 날개로 하늘을 날기 위해서는 수많은 위험을 무릅쓴 연습과 용기가 필요합니다. 그 모든 과정은 아이가 스스로 해야 하는 것입니다.

그런데 언젠가부터 우리는 자꾸 아이에게 날개를 입혀주려고 합니다. 입혀 준 날개는 바람이 조금만 불어도 휙 날아가 버립니다. 지나가다 누군가 잡아당기기라도 하면 힘없이 스르르 벗겨집니다. 그런 어른들 때문에 아이들은 내 안에 날개가 있다는 사실을 모르고 있을지도 모릅니다. 이런저런 생각이 마음을 먹먹하게 만듭니다.

부모와 교사는 교육의 중요한 기둥입니다. 서 있는 위치와 입장은 다르지만, 아이의 현재와 미래를 위해 한곳을 바라봅니다. 그러나, 어느 순간부터 우리는 각자의 입장과 주장이 우선시 되어 자신이 보고 싶은 것만 보며 수평선을 달리고 있습니다. 아이들은 그 사이에서 자유를 누리는 것처럼 보이지만 사실은 불안정함의 소용돌이에 휘말려 요동치고 있습니다. 안정감을 잃은 아이들의 모습은 어른들의 보이지 않는 평행선의 표출입니다.

세상은 참 많이 변했습니다. 한겨울에 찬바람 속에서 눈을 느끼고 관찰하기보다 창문 너머로 눈을 관람하는 아이들이 더 많아졌습니다. 느끼고 경험하지 못하는 아이들은 내 안에 날개가 있다는 것을 깨닫지 못합니다. 아이가 자신의 날개를 인식하고 몸 밖으로 꺼낼 수 있도록 도와줄 수 있는 사람은 부모와 교사입니다. 부모와 교사는 교육의 긴 여정에서 서로에게 우산을 내밀어 줄 수 있는 유일한 사람입니다. 서로가 곁에 있다는 것을 기억했으면 좋겠습니다.